# 熊熊世界大巡游

张　睿　主编

吉林文史出版社

图书在版编目（CIP）数据

熊熊世界大巡游 / 张睿主编. -- 长春 : 吉林文史出版社, 2021.11

（博雅小书院）

ISBN 978-7-5472-8116-1

Ⅰ. ①熊… Ⅱ. ①张… Ⅲ. ①熊科－少儿读物 Ⅳ. ①Q959.838-49

中国版本图书馆CIP数据核字(2021)第196521号

# 熊熊世界大巡游

XIONGXIONG SHIJIE DAXUNYOU

主　　编　张　睿

责任编辑　魏姚童

装帧设计　骅容堂文化

印　　刷　天津兴湘印务有限公司

开　　本　720mm×1000mm　1/16

印　　张　8

字　　数　125千字

版　　次　2021年11月第1版　2021年11月第1次印刷

出版发行　吉林文史出版社

地　　址　长春市福祉大路5788号

书　　号　ISBN 978-7-5472-8116-1

定　　价　38.00元

yǐn yán
# 引言

xiǎo péng yǒu men nǐ men zhī dào xiǎo xióng wéi ní ma tā
小朋友们，你们知道小熊维尼吗？它
shì yī tóu shēng huó zài bǎi mǔ sēn lín zhōng de
是一头生活在百亩森林中的
kě ài xiǎo xióng tā yǒu zhe máo róng róng de wài
可爱小熊。它有着毛茸茸的外
biǎo zuì ài de shí wù shì fēng mì wèi le xún zhǎo
表，最爱的食物是蜂蜜，为了寻找
fēng mì tā shèn zhì huì xiǎng bàn fǎ jìn rù fēng
蜂蜜，它甚至会想办法进入蜂
wō wéi ní zuì hǎo de péng you shì kè lǐ sī duō
窝！维尼最好的朋友是克里斯多
fū luó bīn dāng rán hái yǒu xiǎo zhū
夫·罗宾，当然还有小猪，
suǒ yǒu bǎi mǔ sēn lín li de dòng wù dōu
所有百亩森林里的动物都
xǐ huan tā tā chún zhēn kě ài suī
喜欢它！它纯真可爱，虽
rán yǒu diǎnr bèn zhuō dàn fēi cháng shàn
然有点儿笨拙，但非常善
liáng tā guò zhe jiǎn dān de shēng huó què shí
良。它过着简单的生活，却时
cháng yǒu xīn qí de zhǔ yi jí mǐn ruì de dòng chá
常有新奇的主意及敏锐的洞察

lì yǒu tā zài de chǎng hé zǒng shì chōng mǎn huān lè tā yǒu zhe hái zi dú tè de tiān
力。有它在的场合，总是充满欢乐！它有着孩子独特的天
zhēn hé hào qí xīn měi tiān yī zhēng kāi yǎn jing jiù xiǎng qù bǎi mǔ sēn lín li xún zhǎo xīn
真和好奇心，每天一睁开眼睛，就想去百亩森林里寻找新
xiān yǒu qù de shì xiǎo xióng wéi ní guān xīn péng you lè yú zhù rén wèi yōu shāng de yī
鲜有趣的事。小熊维尼关心朋友、乐于助人，为忧伤的伊
ěr xún huí yí shī de wěi ba tā zhī dào gēn zhe mì fēng zǒu jiù kě yǐ zhǎo dào tā zuì xǐ
尔寻回遗失的尾巴。它知道跟着蜜蜂走，就可以找到它最喜
huan de shí wù fēng mì tā fán shì rè xīn fán shì pàn wàng fán shì yǒu ài tā guān
欢的食物——蜂蜜。它凡事热心、凡事盼望、凡事有爱，它关
xīn péng you men de xīn qíng fēi cháng tǐ tiē shì dà jiā gōng rèn de hǎo péng you
心朋友们的心情，非常体贴，是大家公认的好朋友。

cóng xī là shén huà zhōng zhòu sī xīn ài de nǚ shén kǎ lì sī tuō dào hóng biàn quán
从希腊神话中宙斯心爱的女神卡利斯托，到红遍全
qiú jiā yù hù xiǎo de xiǎo xióng wéi ní xióng kē dòng wù zài hái zi men de yǎn zhōng yī zhí
球，家喻户晓的小熊维尼，熊科动物在孩子们的眼中，一直
shì hān tài kě jū de xíng xiàng shí jì shang tā men bù jǐn yōng yǒu qiáng jiàn de shēn tǐ gèng
是憨态可掬的形象，实际上，它们不仅拥有强健的身体，更
yǒu zhe fēi fán de yě wài shēng cún néng lì jīn tiān jiù ràng wǒ men yī tóng lái dào dà zì
有着非凡的野外生存能力。今天，就让我们一同来到大自
rán zǒu jìn xióng lèi jiā zú de shì jiè kāi shǐ jīng cǎi fēn chéng de dà mào xiǎn ba
然，走进熊类家族的世界，开始精彩纷呈的大冒险吧！

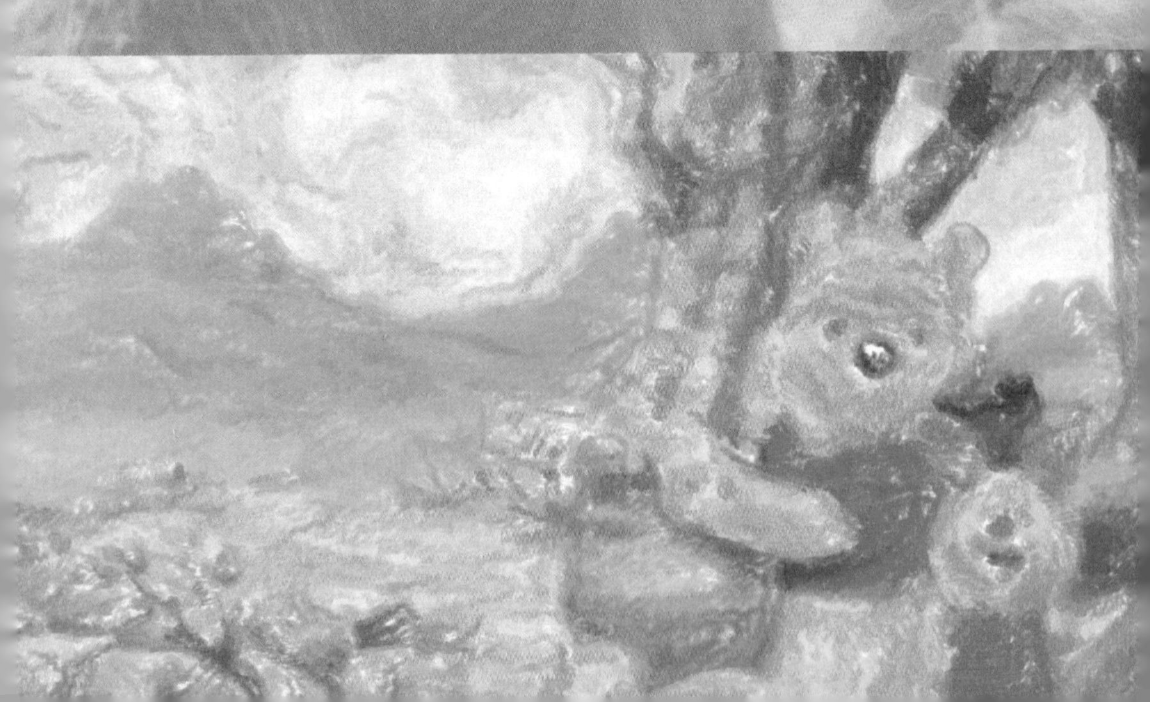

# 目录

dì yì zhāng dà zhì ruò yú de xióng kē dòng wù

# 第一章 大智若愚的熊科动物

xiǎoxióng nǐ cóng nǎ lǐ lái

## 1 小熊你从哪里来

xióng shì shǔ yú xióng kē de zá shí xìng dà xíng bǔ rǔ dòng wù tā men yǐ ròu shí wéi
熊是属于熊科的杂食性大型哺乳动物，它们以肉食为
zhǔ qí zhōng zōng xióng tǐ jī zuì dà běi jí xióng cì zhī yī bān lái shuō yuè kào jìn
主。其中棕熊体积最大，北极熊次之，一般来说，越靠近
nán fāng de xióng tǐ xíng yuè xiǎo tā men guǎng fàn de fēn bù yú ōu yà dà lù běi fēi hé
南方的熊体形越小。它们广泛地分布于欧亚大陆、北非和
nán běi měi zhōu shàng zhì běi jí xià zhì rè dài yà rè dài cóng lín dōu yǒu xióng shēng
南、北美洲，上至北极，下至热带、亚热带丛林，都有熊生
huó de hén jì jù jīn wàn nián qián xióng kē de shǐ zǔ chū xiàn zài dì qiú shang nà
活的痕迹。距今2500万年前，熊科的始祖出现在地球上。那

shí de tā men zhǐ yǒu xiǎo gǒu yī bān dà xiǎo jīng guò màn cháng de jìn huà guò chéng cái yǒu
时的它们，只有小狗一般大小。经过漫长的进化过程才有

le jīn tiān de mú yàng shì jiè shang mù qián dà zhì yǒu hǎo jǐ zhǒng xióng tā men de zǔ xiān
了今天的模样。世界上目前大致有好几种熊，它们的祖先

zuì zǎo chū xiàn zài duō wàn nián qián de ōu zhōu nán bù ér xióng kē dòng wù de xíng
最早出现在2000多万年前的欧洲南部，而熊科动物的形

chéng dà zhì shí jiān shì wàn wàn nián qián hòu lái xióng zhú jiàn xiàng yà zhōu
成 大致时间是600万~1500万年前。后来熊逐渐向亚洲

qiān xǐ yǒu de tōng guò bīng chuān qī de dà lù qiáo qiān xǐ dào běi měi hé nán měi bìng zhú
迁徙，有的通过冰川期的大陆桥迁徙到北美和南美，并逐

jiàn yǎn huà chéng jīn tiān de hēi xióng zōng xióng hé běi jí xióng qí zhōng qiān xǐ dào yà zhōu de
渐演化成今天的黑熊、棕熊和北极熊，其中迁徙到亚洲的

yī zhī yǎn biàn chéng jīn tiān de dà xióng māo zěn me yàng xióng lèi jiā zú de lì shǐ shì bu
一支演变成今天的大熊猫。怎么样，熊类家族的历史是不

shì yuán yuǎn liú cháng ne
是源远流长呢？

liǎo jiě le xióng de jìn huà shǐ jiē xià lái zài ràng wǒ men xiáng xì de liǎo jiě xià
了解了熊的进化史，接下来，再让我们详细地了解下
xióng de tè zhēng ba xióng de qū tǐ cū zhuàng féi dà tǐ máo yòu cháng yòu mì liǎn xíng
熊的特征吧。熊的躯体粗壮肥大，体毛又长又密，脸形
xiàng gǒu tóu dà zuǐ cháng
像狗，头大嘴长，
bó zi hěn duǎn yǎn jing yǔ ěr
脖子很短，眼睛与耳
duo dōu jiào xiǎo jiù chǐ dà ér
朵都较小，臼齿大而
fā dá jǔ jué lì qiáng dàn
发达，咀嚼力强，但
bù jiān ruì xióng de sì zhī cū
不尖锐。熊的四肢粗
zhuàng yǒu lì jiǎo shang zhǎng
壮有力，脚上长
yǒu zhī fēng lì de zhǎo yòng
有5只锋利的爪，用
lái sī chě hé zhuā qǔ liè wù
来撕扯和抓取猎物，
dàn shì zhǎo bù néng shēn suō
但是爪不能伸缩。
tóng shí tā men de wěi ba
同时，它们的尾巴
duǎn xiǎo tōng cháng yǐn cáng
短小，通常隐藏
zài tǐ máo nèi bù xióng píng
在体毛内部。熊平
shí yòng jiǎo zhǎng màn tūn tūn de
时用脚掌慢吞吞地
xíng zǒu dàn shì dāng zhuī gǎn
行走，但是当追赶
liè wù shí tā huì pǎo de hěn
猎物时，它会跑得很

快，而且后腿可以直立站起来。

那么，面对形形色色的熊，我们又怎样对它们进行分类呢？一般来说，熊科动物分为3个亚科：熊猫亚科、眼镜熊亚科以及熊亚科。之所以有这样的分类，是因为大熊猫和眼镜熊在体形和基因组成上与其他熊不同，所以要加以区分。第3个亚科，即熊亚科，是所谓真正的熊，现在分布最广。熊亚科包括6个属：熊猫属、眼镜熊属、熊属、懒熊属、马来熊属，另有熊齿兽属现已灭绝。根据下面的表格，我们可以更清晰地对熊的分类进行了解。在我国，分布着四种熊类，它们是马来熊、棕熊、亚洲黑熊和大熊猫。

| yà kē<br>亚科 | shǔ<br>属 | zhǒng<br>种 |
| --- | --- | --- |
| xióngmāo yà kē<br>熊猫亚科 | xióngmāoshǔ<br>熊猫属 | dà xióngmāo<br>大熊猫 |
| yǎnjìngxióng yà kē<br>眼镜熊亚科 | yǎnjìngxióngshǔ<br>眼镜熊属 | yǎnjìngxióng<br>眼镜熊 |
| xióng yà kē<br>熊亚科 | xióngshǔ<br>熊属 | zōngxióng měizhōuhēixióng yàzhōuhēixióng<br>棕熊、美洲黑熊、亚洲黑熊、<br>ā tè lā sī zōngxióng yuē niánmièjué<br>阿特拉斯棕熊（约1870年灭绝） |
| | mǎ lái xióngshǔ<br>马来熊属 | mǎ lái xióng<br>马来熊 |
| | lǎn xióngshǔ<br>懒熊属 | lǎn xióng<br>懒熊 |

zài yǐng shì zuò pǐn hé kǎ tōng piàn zhōng xióng cháng cháng bèi sù zào chéng bèn zhuō de xíng xiàng qí shí xióng zuò wéi yī zhǒng yě shòu yǒu zhe gāo qiáng de yě wài shēng cún běn lǐng xiǎo péng yǒu men qiān wàn bù yào bèi tā men hān tài kě jū de wài biǎo suǒ mí huò xióng shàn yú pá shù yě néng yóu yǒng lì qi yě shí fēn dà xióng de shí pǔ shí fēn jīng cǎi shí xìng hěn zá jì chī qīng cǎo nèn zhī yá tái xiǎn jiāng guǒ hé jiān guǒ yě dào xī biān bǔ zhuō wā xiè hé yú jué shí shǔ lèi tāo qǔ niǎo luǎn gēng xǐ huan tiǎn shí mǎ yǐ dào qǔ fēng mì shèn zhì xí jī xiǎo xíng lù yáng huò mì shí fǔ shī dàn shì běi jí xióng bǐ jiào tè shū zhǔ yào chī yú hé hǎi bào chú dōng mián qī wài xióng méi yǒu gù dìng de qī xī chǎng suǒ chú le fā qíng jiāo pèi qī wài qí yú shí jiān xióng dōu dān dú huó dòng xióng yī bān shì wēn hé de bù zhǔ dòng gōng jī rén de dòng wù yě yuàn yì bì miǎn chōng tū dàn dāng tā men rèn wéi bì xū bǎo wèi zì jǐ huò zì jǐ de yòu zǎi shí wù huò dì pán shí yě huì biàn chéng fēi cháng wēi xiǎn ér kě pà de yě shòu

在影视作品和卡通片中，熊常常被塑造成笨拙的形象。其实，熊作为一种野兽，有着高强的野外生存本领，小朋友们千万不要被它们憨态可掬的外表所迷惑。熊善于爬树，也能游泳，力气也十分大。熊的食谱十分精彩，食性很杂，既吃青草、嫩枝芽、苔藓、浆果和坚果，也到溪边捕捉蛙、蟹和鱼，掘食鼠类，掏取鸟卵，更喜欢舔食蚂蚁，盗取蜂蜜，甚至袭击小型鹿、羊或觅食腐尸。但是北极熊比较特殊，主要吃鱼和海豹。除冬眠期外，熊没有固定的栖息场所。除了发情交配期外，其余时间熊都单独活动。熊一般是温和的、不主动攻击人的动物，也愿意避免冲突，但当它们认为必须保卫自己或自己的幼崽、食物或地盘时，也会变成非常危险而可怕的野兽。

yánshēn dàkuàitóupáihángbǎng

## 延伸：大块头排行榜

xióng de jiā tíng chéng yuán tǐ xíng chā bié jiào dà kuài tóu yǒu dà yǒu xiǎo qí zhōng
熊的家庭成员体形差别较大，块头有大有小。其中

zuì dà de shì zōng xióng yuē qiān kè běi jí xióng cì zhī yuē qiān kè
最大的是棕熊（约780千克），北极熊次之（约700千克），

rán hòu shì měi zhōu hēi xióng　yuē　　qiān kè　　yà zhōu hēi xióng　yuē　　qiān kè
然后是美洲黑熊（约220千克）、亚洲黑熊（约150千克）、

lǎn xióng　yuē　　qiān kè　　mǎ lái xióng　yuē　　qiān kè
懒熊（约140千克）、马来熊（约60千克）。

hán fēngzhènzhènmáng shuì mián
# 2 寒风阵阵忙睡眠

shēnghuó yú běi fānghánlěng dì qū de xióngyǒudōngmián xiànxiàng ér wèi yú yà rè
生活于北方寒冷地区的熊有冬眠现象，而位于亚热
dài hé rè dài dì qū de hēi xióngwǎngwǎng bù dōngmián xióngdōngmián de shí jiān kě chí xù
带和热带地区的黑熊往往不冬眠。熊冬眠的时间可持续
gè yuè zài dōngmián guò chéngzhōng rú guǒ bèi jīngdòng tā huì lì jí sū xǐng
4～5个月，在冬眠过程中如果被惊动它会立即苏醒，
ǒu rán yě huì chūdònghuó dòng xióngdōngmián de dòngxué yī bānxuǎn zài xiàngyáng de bì
偶然也会出洞活动。熊冬眠的洞穴一般选在向阳的避

风山坡或枯树洞内。缺乏食物是动物冬眠的主要原因，如果食物充足，许多熊不会冬眠，反而会整个冬天都在狩猎。但食物不多时，熊就会躲在洞中过冬。小型哺乳类动物在冬眠时体温会急速下降，但熊的体温只会下降约4℃，不过心跳速率会减缓75%。一旦熊开始冬眠后，它的能量来源就从饮食转换为体内储存的脂肪。在阿拉斯加为美国鱼类及野生动物管理局北极熊计划工作的野外生物学家汤姆伊·凡斯说，这种化学作用的变化十分剧烈。脂肪燃烧

时，新陈代谢会产生毒素。但熊在冬眠时，细胞会将这些毒素分解为无害的物质，再重新循环利用。

以北极熊为例，一般说来北极熊在每年的3~5月非常活跃，为了觅食辗转奔波于浮冰区，过着水陆两栖的生活。在严冬北极熊外出活动大大减少，可以长时间不吃东西，此时它们寻找避风的地方卧地而睡，呼吸频率降低，进入局部冬眠。所谓局部冬眠，一方面是指它们并非如

shé děng dòng wù de dōng mián ér shì sì shuì fēi shuì yī dàn yù dào jǐn jí qíng kuàng biàn
蛇等动物的冬眠，而是似睡非睡，一旦遇到紧急情况便
kě lì jí jīng xǐng yìng fù biàn gù lìng wài běi jí xióng zhǐ shì zài jiào cháng de yī duàn shí
可立即惊醒，应付变故。另外，北极熊只是在较长的一段时
jiān lǐ bù chī bù hē ér bù shì zhěng gè dōng jì dōu rú cǐ jìn shí nián lái kē xué jiā men
间里不吃不喝，而不是整个冬季都如此。近十年来科学家们
céng tí chū běi jí xióng kě néng yě yǒu jú bù xià mián jí zài xià jì fú bīng zuì shǎo de
曾提出，北极熊可能也有局部夏眠，即在夏季浮冰最少的
shí qī běi jí xióng hěn nán mì shí kě néng yě huì chǔ yú jú bù xià mián zhuàng tài gēn
时期，北极熊很难觅食，可能也会处于局部夏眠状态。根
jù zhī yī shì jiā ná dà de běi jí xióng zhuān jiā céng yú qiū jì zài hā dé sūn wān zhuā dào jǐ
据之一是加拿大的北极熊专家曾于秋季在哈得孙湾抓到几
zhī xióng zhǎng shang zhǎng mǎn cháng máo de běi jí xióng zhuān jiā tuī cè tā men zài xià jì jí
只熊掌上长满长毛的北极熊。专家推测它们在夏季极
shǎo yǒu mì shí huó dòng fǒu zé xióng zhǎng shang bù huì zhǎng mǎn cháng máo
少有觅食活动，否则熊掌上不会长满长毛。

## yánshēn xióngwéishénme ài tiǎnjiǎozhǎng
## 延伸：熊为什么爱舔脚掌？

xióng yǒu dōngmián de xí guàn dōngmián shí yǐ tiǎn zhǎng wéi shēng zhǎng zhōng jīn yè
熊有冬眠的习惯，冬眠时以舔掌为生，掌中津液
jiāo zhī shèn rùn yú zhǎng xīn zhè zhǒng shēng huà zuò yòng yě ràng xióng kě yǐ huí shōu tǐ nèi
胶脂渗润于掌心。这种生化作用也让熊可以回收体内
de shuǐ fèn yīn cǐ xióng zài dōngmián shí bù huì pái niào jí shǐ bù dōngmián běi jí xióng
的水分，因此熊在冬眠时不会排尿。即使不冬眠，北极熊
yě kě yǐ lì yòng zhī fáng rán shāo de jī zhì zhè zhǒng qīng xǐng shì dōngmián ràng běi jí xióng
也可以利用脂肪燃烧的机制。这种清醒式冬眠让北极熊
kě yǐ bù duǒ dào dòng lǐ zhěng gè dōngtiān dōu bǎo chí huó yuè zhuàng tài
可以不躲到洞里，整个冬天都保持活跃状态。

dì èr zhāng zǒu jìn xióng lèi jiā zú
# 第二章 走进熊类家族

hēi bái xiāng jiàn de zhú lín yǐn shì
## 1 黑白相间的竹林隐士

dà xióngmāo zài shì jiè shang dú yī wú èr shì wǒmenzhōngguó tè yǒu de zhēn xī wù
大熊猫在世界上独一无二，是我们中国特有的珍惜物
zhǒng shǔ yú guó jiā yī jí bǎo hù dòng wù bèi chēng wéi wǒ guó de guó bǎo zhī suǒ
种，属于国家一级保护动物，被称为我国的“国宝”。之所
yǐ zhēn guì shì yīn wèi tā chū xiàn zài dì qiú shang de shí jiān bǐ rén lèi hái zǎo shì huó huà
以珍贵，是因为它出现在地球上的时间比人类还早，是活化
shí tā xíngxiàng kě ài pàng hū hū de hān tài kě jū xìngqíngwēnxùn tiáo pí tōng
石；它形象可爱，胖乎乎的，憨态可掬；性情温驯、调皮；通

shēn hēi bái liǎng sè xiàng zá xiàn tiáo fēn míng jiǎn jié shēng dòng xiàn cún de dà xióng māo de
身黑白两色相杂，线条分明、简洁、生动。现存的大熊猫的
zhǔ yào qī xī dì zài zhōng guó sì chuān shǎn xī gān sù děng zhōu biān shān qū quán shì jiè
主要栖息地在中国四川、陕西、甘肃等周边山区。全世界
yě shēng dà xióng māo xiàn cún zhī zuǒ yòu
野生大熊猫现存1860只左右。

## 1.1 象征和平的竹熊

大熊猫喜欢独自生活，除了交配期会和伴侣共同生活 1 个多月外，其他时间都是单独行动。它们不会冬眠。大熊猫如今在我国分布地域十分狭窄，仅见于四川省岷山、邛崃山和大小凉山，甘肃省的南缘和陕西省秦岭南麓等海拔 2000 ~ 3500 米的崇山峻岭中。生活环境湿度很大，

wēnchā yě bǐ jiào dà nà lǐ rén yān xī shǎo suī rán jué dà bù fen shān lǐng shì xuán yá jué
温差也比较大。那里人烟稀少，虽然绝大部分山岭是悬崖绝

bì gāo sǒng rù yún dàn yǒu de shì huǎn pō lián mián qǐ fú bù jué shān pō shang fù gài
壁，高耸入云，但有的是缓坡连绵，起伏不绝。山坡上覆盖

zhe cōng lóng mào mì de yuán shǐ sēn lín zhè xiē dì fang tǔ zhì féi wò sēn lín mào shèng jiàn
着葱茏茂密的原始森林。这些地方土质肥沃，森林茂盛，箭

zhú shēng zhǎng liáng hǎo chéng wéi yī gè qì wēn jiào wéi wěn dìng yǐn bì tiáo jiàn liáng hǎo
竹生长良好，成为一个气温较为稳定、隐蔽条件良好、

shí wù zī yuán hé shuǐ yuán dōu hěn fēng fù de yōu liáng shēng cún jī dì shān lín jiān yún wù liáo
食物资源和水源都很丰富的优良生存基地。山林间云雾缭

rào yān bō hào hàn kōng qì cháo shī quán shuǐ fēng fù dào chù shēng zhǎng zhe tái xiǎn
绕，烟波浩瀚，空气潮湿，泉水丰富，到处生长着苔藓，

fán mào de zhí wù zhōng zá yǐ duō zhǒng zhú lèi shēng huó zài zhè lǐ de dà xióng māo zhōng
繁茂的植物中杂以多种竹类。生活在这里的大熊猫，终

nián jiù yǐ nèn zhú qīng quán dù rì chéng le zhú lín yǐn shì
年就以嫩竹清泉度日，成了“竹林隐士”。

dà xióng māo de shí pǔ fēi cháng tè shū bāo kuò zài gāo shān dì qū kě yǐ zhǎo dào de
大熊猫的食谱非常特殊，包括在高山地区可以找到的

gè zhǒng zhú zi dà xióng māo yě ǒu ěr shí ròu tōng cháng shì dòng wù de shī tǐ yǒu shí
各种竹子，大熊猫也偶尔食肉，通常是动物的尸体，有时

yě chī zhú shǔ yīn dà xióng māo dú tè de shí wù tè xìng tā bèi dāng dì rén chēng zuò zhú
也吃竹鼠。因大熊猫独特的食物特性，它被当地人称作“竹

xióng zài yě wài chú le shuì mián huò duǎn jù lí huó dòng dà xióng māo měi tiān qǔ shí de
熊”。在野外，除了睡眠或短距离活动，大熊猫每天取食的

shí jiān cháng dá gè xiǎo shí yī zhī dà xióng māo měi tiān jìn shí qiān kè
时间长达14个小时。一只大熊猫每天进食12~38千克，

jiē jìn qí tǐ zhòng de dà xióng māo xǐ huan chī zhú zi zuì yǒu yíng yǎng hán xiān wéi
接近其体重的40%。大熊猫喜欢吃竹子最有营养、含纤维

sù zuì shǎo de bù fen jí nèn jīng nèn yá hé zhú sǔn dà xióng māo de qī xī dì tōng cháng
素最少的部分，即嫩茎、嫩芽和竹笋。大熊猫的栖息地通常

至少有两种竹子。当一种竹子开花死亡时，大熊猫可以转而取食其他竹子。但是，栖息地碎化的持续状态增加了栖息地内只有一种竹子的可能，当这种竹子死亡时，这一地区的大熊猫便面临饥饿的威胁。

大熊猫一般不伤害其他动物，是一种能与友邻和平相处的义兽，被认为是和平友好的象征。大熊猫憨态可掬的可爱模样深受全球大众的喜爱，1961年世界自然基金会成立时就以大熊猫为其标志，大熊猫俨然成为物种保育最重要的象征，也是中国作为外交活动中表示友好的重要代表。

zhòngshuō fēn yún de shēn shì zhī mí
# 1.2 众说纷纭的身世之谜

dà xióngmāo de zǔ xiān shì shǐ xióngmāo dà xióngmāo de xuémíng qí shí jiào māoxióng
大熊猫的祖先是始熊猫，大熊猫的学名其实叫“猫熊”，
yì jí xiàngmāo yī yàng de xióng yě jiù shì shuō běn zhì lèi sì yú xióng ér wài mào
意即“像猫一样的熊”，也就是说“本质类似于熊，而外貌
quèxiāng sì yú māo yán gé de shuō xióngmāo shì cuò wù de míng cí zhè yī cuò
却相似于猫”。严格地说，“熊猫”是错误的名词。这一“错
wù shì zhè me zào chéng de zhōnghuá rén mín gòng hé guó chéng lì qián sì chuān chóng
误”是这么造成的：中华人民共和国成立前，四川重

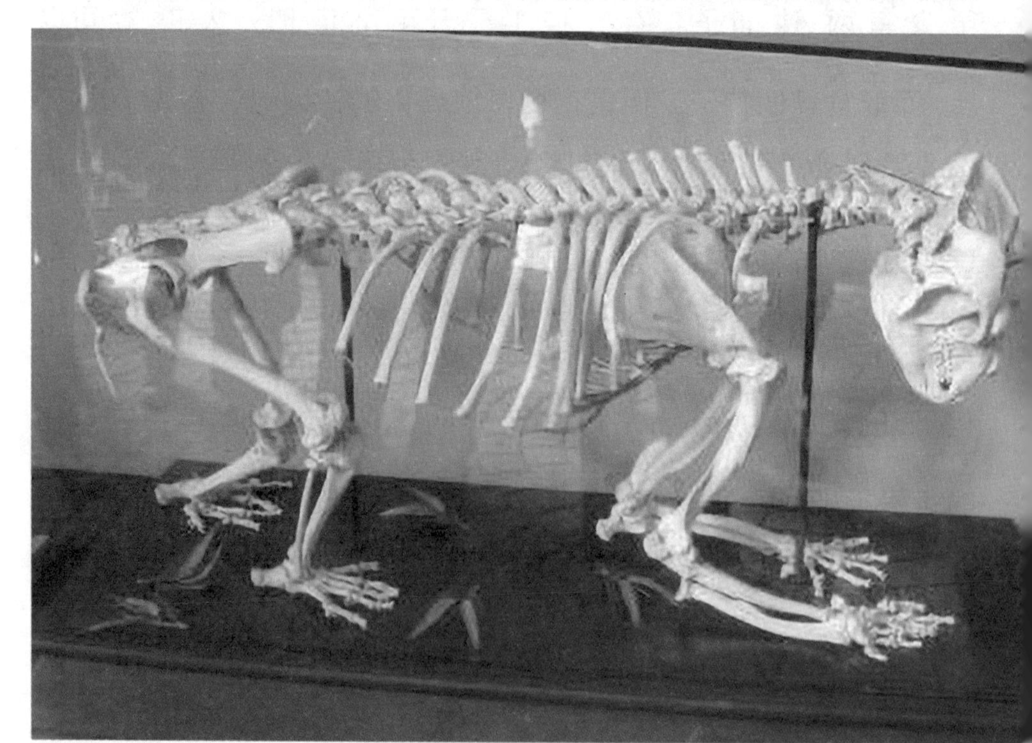

qìng běi bèi bó wù guǎn céng jīng zhǎn chū māo xióng biāo běn shuō míng pái shang zì zuǒ wǎng yòu
庆北碚博物馆曾经展出猫熊标本，说明牌上自左往右
héng xiě zhe māo xióng liǎng gè zì kě shì dāng shí bào kān de héng biāo tí xí guàn yú
横写着“猫熊”两个字。可是，当时报刊的横标题习惯于
zì yòu xiàng zuǒ rèn dú yú shì jì zhě men biàn zài bào dào zhōng bǎ māo xióng wù xiě wéi
自右向左认读，于是记者们便在报道中把“猫熊”误写为
xióng māo xióng māo yī cí jīng méi tǐ guǎng wéi chuán bō shuō guàn le yě jiù hěn
“熊猫”。“熊猫”一词经媒体广为传播，说惯了，也就很
nán jiū zhèng le yú shì rén men zhǐ dé jiāng cuò jiù cuò chēng māo xióng wéi xióng māo
难纠正了。于是，人们只得将错就错，称“猫熊”为“熊猫”。
qí shí kē xué jiā dìng míng dà xióng māo wéi māo xióng shì yīn wèi tā de zǔ xiān gēn
其实，科学家定名大熊猫为“猫熊”，是因为它的祖先跟
xióng de zǔ xiān xiāng jìn dōu shǔ yú shí ròu mù dòng wù
熊的祖先相近，都属于食肉目动物。

众多的国外学者热衷于把大熊猫化归为熊科动物。它的英文名称是“猫熊”或“巨猫熊”，德文和俄文的名称则是“竹熊”。20世纪中晚期，西方学者推导出大熊猫是从熊类中分离出来的。目前很多学派仍然坚持大熊猫属熊科，称大熊猫是一种高度特化了的熊类。除了上述意见，学术界还有持不同意见的人，他们主张大熊猫既不隶属于熊科，也不隶属于浣熊科，而应该建立一个与熊科和浣熊科并列的大熊猫科，这个科中只有大熊猫1种，持这种意见的人，我国的学者占了多数。这是因为大熊猫无论与熊类，还是与浣熊类相比较，都有很多差异，判断这些差异带有很强的主观性。

yánshēn xiǎoxióngmāo hé dàxióngmāo
## 延伸：小熊猫和大熊猫

xiǎo xióng māo hé dà xióng māo shì wán quán bù tóng de xiǎo xióng māo shì māo kē dòng
小熊猫和大熊猫是完全不同的。小熊猫是猫科动
wù dà xióng māo shì xióng māo kē dòng wù xiǎo xióng māo shì dà xióng māo de qīn mì huǒ
物，大熊猫是熊猫科动物。小熊猫是大熊猫的亲密伙
bàn suī rán xiǎo xióng māo yě yǐ zhú wéi shēng dàn tóng yī jì jié yǔ dà xióng māo cǎi shí de
伴。虽然小熊猫也以竹为生，但同一季节与大熊猫采食的
bù wèi bù tóng dà xióng māo qiū jì ài chī zhú yè xiǎo xióng māo zé ài chī yě guǒ chūn xià
部位不同。大熊猫秋季爱吃竹叶，小熊猫则爱吃野果；春夏
jì dà xióng māo ài chī dà jìng zhú sǔn xiǎo xióng māo zé xuǎn zé xiǎo jìng zhú sǔn dà xióng
季大熊猫爱吃大径竹笋，小熊猫则选择小径竹笋；大熊

猫采食高枝叶，小熊猫采食低枝叶。因为极其特殊的生活习惯和与众不同的饮食结构，小熊猫也成为世界上的濒危物种之一。它们是世界上为数不多的仅以竹子为食的哺乳动物。竹子并不是最有营养的食物，竹子的枝干和叶子很不好消化，不能提供太多的能量，所以小熊猫要花上6至8个小时寻找食物，其余时间都用来休息。它们的身体似乎就是为节省能量而生的。天冷的时候，小熊猫蜷成一个球，趴在树枝上，甜甜地睡大觉，这减少了它们的新陈代谢，降低了能量消耗。

# 2 北极圈的白色王者

北极熊又称白熊，是在北极生长的熊，它是陆地上体形庞大的肉食动物。在它生存的空间里，它是食物链的最顶层。作为“北极圈之王”，除去人类，北极熊没有天敌。北极熊拥有极厚的脂肪及毛发来保暖，它的毛是白色的，在雪地上是良好的保护色，而且它可以在陆上及海上捕捉食物，因此它能在

北极这种极严酷的气候里生存。北极熊身躯庞大，身长大约2.4~2.6米，行走时肩高1.6米，用后腿直立时，可平视大象，体重一般为400~800千克。

## 2.1 站在食物链的最顶端

北极熊是一种能在恶劣的自然条件下生存的动物，其活动范围主要在北冰洋附近，最南可以在有浮冰出没的地方找到它们（现在找到它们的最南点为加拿大的詹姆士湾），而最北可以在北纬88度找到它们。北极熊在熊科动物家族中属于正牌的食肉动物，它们主要捕食海豹，特别是环斑

海豹，此外也会捕食髯海豹、鞍纹海豹、冠海豹。除此之外，它们也捕捉海象、白鲸、海鸟、鱼类、小型哺乳动物，有时也会“打扫”腐肉。它们也是唯一主动攻击人类的熊，北极熊的攻击大多发生在夜间。和其他熊科动物不一样的是，它们不会把没吃完的食物藏起来等以后再吃，甚至时常享用完脂肪之后就扬长而去。要知道对它们而言，高热量的脂肪比肉更为重要，因为它们需要维持保暖用的脂肪层，

还需要为食物短缺的时候储存能量。北极熊也不是一点素食不沾，在夏季它们偶尔也会吃点浆果或者植物的根茎。在春末夏临之时，他们会到海边来取被冲上来的海草补充身体所需的矿物质和维生素。

北极熊还具有异常灵敏的嗅觉，可以嗅到在 3.2 千米以外烧烤海豹脂肪发出的气味，能在几千米以外凭嗅觉准确判断猎物的位置。在“闻出”气味熟悉的猎物的方位后，便能以相当快的速度从冰上跳跃奔去捕猎，一步跳跃奔

跑的距离可达5米以上。某年春天格陵兰岛上的因纽特人捕到了许多鲸，并把鲸的内脏埋在地下。这年秋天海上结冰了。有一天，成群结队的北极熊向因纽特人聚居的村庄奔来。为了保卫村庄安全，村民们用鞭炮声驱赶它们，用直升机的轰鸣声威胁它们，但都毫无效果，北极熊太多了。村民们没有办法，只有祈求神灵保佑平安。当村民们看到北极熊把埋在地下的鲸的内脏挖出来分享后，才恍然大悟，北极熊原来是被埋在地下的鲸的内脏的气味吸引来的。

shōu jí yángguāng de tòu míng yǔ yī

## 2.2 收集阳光的透明羽衣

xiǎopéngyǒumen nǐ men zhī dào ma běi jí xióng de máokàn qǐ lái shì bái sè de
小朋友们，你们知道吗，北极熊的毛看起来是白色的，
qí shí shì yī gēngēn wú sè tòumíng de xiǎoguǎn zi zhè zhǒngmáo hǎo xiàng yī gēngēn shí
其实是一根根无色透明的小管子。这种毛好像一根根石
yīngxiānwéi běn zhì shang shì yī gè gè kōng xīn de xiǎoguāngdǎoguǎn zhǐ yǒu zǐ wài xiàn
英纤维，本质上是一个个空心的小光导管，只有紫外线
cáinéngtōngguò zhè xiē zhōngkōng de xiǎoguǎn zi shì běi jí xióngshōu jí rè liàng de tiānrán
才能通过。这些中空的小管子是北极熊收集热量的天然
gōng jù zhèyàng de gòuzào kě yǐ bǎ yángguāng fǎn shè dào máo fà xià miàn de hēi sè pí fū
工具，这样的构造可以把阳光反射到毛发下面的黑色皮肤
shang yǒuzhù yú xī shōugèngduō de rè liàng yǒu le tā běi jí xióngcáinéng dǐ yù běi jí
上，有助于吸收更多的热量，有了它，北极熊才能抵御北极
de yánhán zhì yú wèishén me rén de yǎnjingkàndào běi jí xióng de
的严寒。至于为什么人的眼睛看到北极熊的
máo sè huì chéngxiàn bái sè shì yīn wèimáo de nèi biǎo
毛色会呈现“白色”，是因为毛的内表
miàn cū cāo bù píng bǎ guāngxiànzhé shè de fēi chánglíng
面粗糙不平，把光线折射得非常凌
luàn ér qiě měi yī gēnmáodōunéng bǎ shè rù de
乱，而且每一根毛都能把射入的
tài yáng guāng sǎn shè kāi lái jiù shǐ máo
太阳光散射开来，就使毛
kàn qǐ lái shì bái sè de běi
看起来是白色的。北

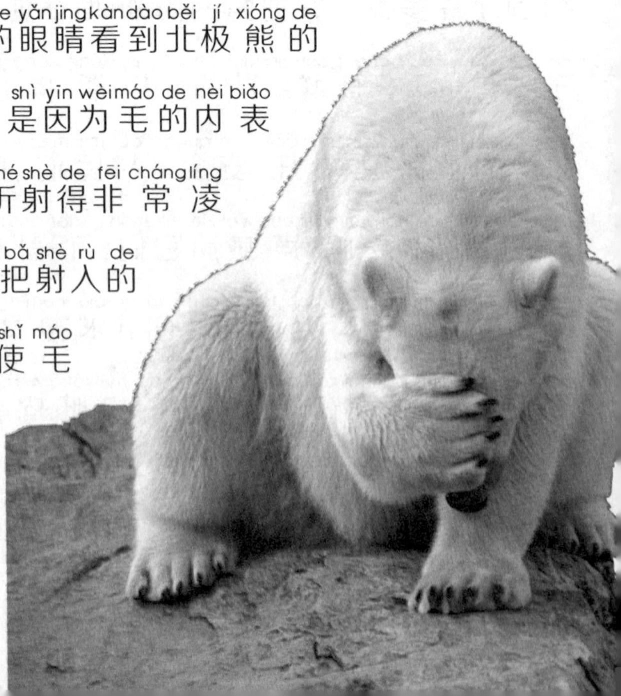

jí xióng de pí fū shì hēi sè de wǒ men cóng tā de bí tóu zhǎo diàn zuǐ chún yǐ jí yǎn
极熊的皮肤是黑色的，我们从它的鼻头、爪垫、嘴唇以及眼

jing sì zhōu de hēi pí fū shang jiù néng kàn jiàn tā pí fū de yuán mào hēi sè de pí fū yǒu zhù
睛四周的黑皮肤上就能看见它皮肤的原貌。黑色的皮肤有助

yú xī shōu rè liàng běi jí xióng pí máo xià de zhī fáng hòu dá lí mǐ jìn yī bù bǎ yán
于吸收热量。北极熊皮毛下的脂肪厚达 13 厘米，进一步把严

hán gé jué zài le shēn tǐ wài miàn běi jí xióng de sì zhī zhǎo diàn shàng dōu zhǎng zhe cū yìng
寒隔绝在了身体外面。北极熊的四只爪垫上都长着粗硬

de máo fà yǒu zhù yú bǎo nuǎn wèi le dǐ yù hán lěng tā de ěr hé wěi dōu hěn xiǎo quán
的毛发，有助于保暖。为了抵御寒冷，它的耳和尾都很小，全

shēn chú jiǎo zhǎng hé bí jiān wài dōu fù gài zhe hòu hòu de máo
身除脚掌和鼻尖外，都覆盖着厚厚的毛。

## 2.3 捕猎达人和冬泳能手

北极熊气力和耐力都非常惊人，奔跑时速高达60千米，但不能持久。它具有粗壮而又灵便的四肢，尤其是它的前掌，力量巨大，一掌可以致命。用前掌击倒或打死猎物，是它的惯用手段。掌上长着十分锐利的爪子，能紧紧抓住食物。一般来说，北极熊有两种捕猎模式，最常

用的是“守株待兔”法。它会事先在冰面上找到海豹的呼吸孔，然后极有耐心地在旁边等候几个小时。等到海豹一露头，它就会发动突然袭击，并用尖利的爪钩将海豹从呼吸孔中拖上来。如果海豹在岸上，它也会躲在海豹视线看不到的地方，然后蹑手蹑脚地爬过来发起猛攻。另外一种模式就是直接潜入冰面下，从水中靠近岸上的海豹并发动进攻，这样的优点是直接截断了海豹的退路。吃饱喝足后，北极熊会细心清理毛发，把食物的残渣、血迹都清除干净。有

时候辛苦捕到的猎物会引来同类的窥视，一般来说，如果不幸面对那些体形庞大的家伙，个头小些的北极熊会更倾向于溜之大吉，不过正在哺育幼崽的母亲为了保护幼崽，或是捍卫一家来之不易的口粮，有时也会和前来冒犯的大公熊拼上一拼。

北极熊是水陆两栖动物，当然会游泳。北极熊全身披

zhe hòu hòu de bái sè lüè dài dàn huáng cháng máo tā de cháng máo zhōng kōng bù jǐn qǐ zhe
着厚厚的白色略带淡黄长毛，它的长毛中空，不仅起着
jí hǎo de bǎo wēn gé rè zuò yòng ér qiě zēng jiā le tā zài shuǐ zhōng de fú lì tā de shēn
极好的保温隔热作用，而且增加了它在水中的浮力。它的身
tǐ chéng liú xiàn xíng xióng zhǎng kuān dà wǎn rú qián hòu shuāng jiǎng qián tuǐ fèn lì qián huá
体呈流线型，熊掌宽大宛如前后双桨，前腿奋力前划，
hòu tuǐ zài qián huá de guò chéng zhōng hái kě qǐ dào chuán duò de zuò yòng yīn cǐ zài hán lěng
后腿在前划的过程中还可起到船舵的作用。因此在寒冷
de běi bīng yáng zhōng tā cóng bù wèi hán kě yǐ chàng yóu shù shí qiān mǐ shì cháng jù lí
的北冰洋中它从不畏寒，可以畅游数十千米，是长距离
de yóu yǒng jiàn jiàng yí hàn de shì běi jí xióng jǐn shì dān xiàng yóu yǒng jiàn jiàng tā bù
的游泳健将。遗憾的是，北极熊仅是单项游泳健将，它不
huì qián yǒng zhè zhèng shì tā bǔ shí hǎi bào hé hǎi xiàng shí de jù dà quē xiàn tā bù néng
会潜泳，这正是它捕食海豹和海象时的巨大缺陷——它不能
zài shuǐ xià bǔ shí hǎi bào hé hǎi xiàng
在水下捕食海豹和海象。

## 延伸：左撇子

北极熊绝大多数是左撇子。其他动物像猩猩、猴子也都存在左撇子，多数动物中“左撇子”和“右撇子”的比例大致是1：1，但人类绝大多数都是右撇子，只有10~12%的人是左撇子；而北极熊中的绝大多数则是左撇子。这又是为什么呢？除了物种遗

传因素，还有一些动物行为决定的原因。这跟北极熊生活的环境有关。众所周知，北极熊生活在有大片浮冰的北极南部边缘地带，紧靠着海洋，有一块块断裂开来的浮冰和来这里繁衍的海豹。北极熊以捕食海豹为生，特别是环斑海豹。它们常趴在冰面上海豹的通气孔旁边等着，或是当海豹爬上冰面休息时就蹑手蹑脚地扑过去。北极熊有一身白色的皮毛，当它从冰面往水下看的时候，它会“聪明”地用右掌捂住自己的黑鼻子，把自己隐藏在白色中，而腾出左手用于捕食。

dài yǎn jìng de xióng bó shì
# 3 戴眼镜的熊博士

yǎn jìng xióng yě jiào ān dì sī xióng shì nán měi zhōu wéi yī de xióng kē dòng wù
眼镜熊也叫安第斯熊，是南美洲唯一的熊科动物。
zài fēn lèi xué shang yǎn jìng xióng shì xiàn cún yǔ dà xióng māo qīn yuán guān xì zuì jìn de xióng
在分类学上，眼镜熊是现存与大熊猫亲缘关系最近的熊
kē dòng wù tā men zài xióng kē jiā zú zhōng bù suàn páng rán dà wù shēn cháng yuē
科动物。它们在熊科家族中不算庞然大物，身长约
lí mǐ tǐ zhòng dà yuē qiān kè xióng xìng yǎn jìng xióng yī bān
150~180 厘米，体重大约 64~155 千克。雄性眼镜熊一般
zuì zhòng kě dá qiān kè cí xìng jiào qīng wéi qiān kè zuǒ yòu
最重可达 130 千克，雌性较轻，为 60 千克左右。

# 3.1 “眼镜”的由来

眼镜熊的毛发中等长度，全身的毛色为黑、红棕或深棕色，毛质十分厚密粗糙。它的样子长得很独特，口鼻部分和多数熊科动物一样，颜色较浅，但最有趣的是它们的眼睛周围有一圈或粗或细的奶白色纹，将眼睛上的黑斑隔开，远看好似戴着一副墨镜，眼镜熊的名字也因此而来。这圈奶白色的纹路往往会在喉部汇集，并顺着喉咙继续向下

yán shēn xíng chéng xiōng bān hái yǒu yī diǎn pō wéi dú tè
延伸，形成胸斑。还有一点颇为独特
de shì yǎn jìng xióng zhǐ yǒu duì lèi gǔ ér bù shì
的是，眼镜熊只有 13 对肋骨，而不是
xiàng qí tā xióng kē dòng wù nà yàng yǒu duì
像其他熊科动物那样有 14 对。
cǐ wài tā men yě yǒu yī tiáo duǎn duǎn de
此外，它们也有一条短短的
wěi ba
尾巴。

yǎn jìng xióng de liàn ài jì jié dà
眼镜熊的恋爱季节大
yuē zài měi nián de yuè qíng tóu yì hé
约在每年的 4~6 月。情投意合
de qíng lǚ men huì zài yī qǐ dài shàng jǐ rì qí jiān jiāo
的情侣们会在一起待上几日，其间交
pèi shù cì tā men de liàn ài jié jīng tōng cháng zài yuè
配数次。它们的恋爱结晶通常在 11 月
zhì yì nián yuè jiàng lín yùn qī cháng dá gè yuè
至翌年 2 月降临，孕期长达 6~8 个月。
yǎn jìng xióng mā ma měi cì huì shēng xià gè hái zi
眼镜熊妈妈每次会生下 1~3 个孩子。
hái zi men gāng chū shēng de shí hou xiǎo de kě lián zhǐ yǒu
孩子们刚出生的时候小得可怜，只有
kè zhòng tā men de yǎn jing zài tiān
300~360 克重。它们的眼睛在 42 天
zuǒ yòu zhēng kāi děng zhǎng dào gè yuè dà de shí hou jiù kě yǐ
左右睁开，等长到 3 个月大的时候，就可以
gēn zhe mā ma qù wài mian liū da le
跟着妈妈去外面溜达了。

rè ài fèng lí de měi shí jiā
# 3.2 热爱凤梨的美食家

yǎnjìngxióng shì shí fēn xǐ ài guǒ lèi shí wù de zá shí xìngdòng wù yóu qí shì fèng lí
眼镜熊是十分喜爱果类食物的杂食性动物，尤其是凤梨
kē zhí wù tā men de shàng xià è shí fēn qiáng jiàn yǒu lì kěn qǐ fèng lí shí de nà zhǒng
科植物。它们的上下颚十分强健有力，啃起凤梨时的那种
qīngsōng zhǐ néngràng qí tā dòng wù yànxiàn bù yǐ huò xǔ zhèng yīn rú cǐ fèng lí zài tā
轻松只能让其他动物艳羡不已。或许正因如此，凤梨在它
men de shí pǔ zhōngzhàn le xiāngdāng dà de bǐ zhòng jiē jìn wèi le zhāi shí guǒ
们的食谱中占了相当大的比重，接近50%。为了摘食果

实，它们会爬到树上或高大的仙人掌上，攀爬高度超过10米，还能灵活地从一棵树直接爬到另一棵树上。在果实即将成熟的季节，为了心爱的美味，它们甚至干脆在树上守候个三四天。果实当然不是每个季节都有，在其他日子里它们会寻找别的食物，例如各种浆果、仙人掌、蜂蜜、植物根茎、甘蔗等。另外，为了丰富食谱，它们也会捕食那些小型啮齿类动物、鸟类和昆虫。如果实在没东西可吃，它们还会偷袭家牛，这种肉类食物据粗略估计约占食谱的4%。眼镜熊对我们人类来说是颇为神秘的动物。它们通常在晨昏或夜间活动，白天则躲在树洞、岩洞或树干间睡大觉。眼镜熊攀爬技巧娴熟高超，所以它们也乐于多花点时间待在树上。它们有时候干脆在树上做窝，可以舒舒服服地躺在窝里等着果子成熟。眼镜熊也无须冬眠，或许这是因为食物来源丰富，一年到头都不会断档。

# 4 体形最大的熊

棕熊，别名马熊，是熊科中分布最广泛的一种。棕熊是食肉动物，主要分布于山区。雄性棕熊身长一般为170～280厘米；尾长约8～14厘米；体重通常雄性可达540～650千克，而雌性为150～300千克，有的雄棕熊甚至能重达700千克，而且过冬前的体重会比平

时要重。棕熊的体形健硕，肩背隆起，粗密的被毛有不同的颜色，例如金色、棕色、黑色和棕黑等。到了冬天被毛会进一步长长，最长能到10厘米；到了夏季则重新变短，颜色较冬季的深。有些棕熊被毛的毛尖颜色偏浅，甚至近乎银白，这让它们的身上看上去像披了一层银灰色的纱衣，怎么样，是不是十分漂亮呢？

# 4.1 胆小的大块头

棕熊嗅觉极佳，是猎犬的 7 倍。它们的视力也很好，在捕鱼时能够看清水中的鱼类。棕熊的吻部比较宽，有 42 颗牙齿，其中包括两颗大犬齿。在棕熊的背部有一块鼓起来的肌肉，当它们挖洞时，那块肌肉便给予棕熊前肢力量。它们有一双有力的大手，有 1.5 米长，一掌拍下去足以杀死一头和自身一样大

的马鹿。它们的爪子（指甲）不能伸缩，所以不是很灵活。尽管它们的爪子不灵活，然而那巨大的力量还是致命的。

棕熊虽然体形庞大，但它们通常都比较胆小，有时甚至一个普通人都能吓走它们。然而，就是因此它们才更加危险：棕熊受到惊吓时往往会发动疯狂的攻击，尤其是带着小熊的母熊；另外在捕猎和争抢其他猛兽的食物时，或者交配季节的公熊都会比平时更加富有攻击性。棕熊肩背上隆起的肌肉使它们的前臂十分有力，一只成年的棕熊，挥击前爪可以击碎野牛的脊背，而且可以连续挥击好几下，足见其恐怖。尽管它们看起来很笨重，当它们快跑时时速可达56公里。棕熊不仅跑得快，而且很有耐力，可以以最快的速度跑几十分钟。

## 4.2 高山上的独身主义者

棕熊最喜欢住在高山、草原或山林里。世界上共有20万只棕熊，其中俄罗斯的棕熊最多，共12万只，其次是美国，共32500只，再次是加拿大，共21750只。在美国有95%的棕熊都在阿拉斯加州。棕熊是杂食性动物，它们的食谱也一样会随着季节的不同发生变化。一般来说，

植物性食物占了60%~90%，这其中包括各种植物根茎、块茎、草料、谷物及各种果实等。其余则为动物性食物，例如昆虫、啮齿类动物、有蹄类动物（如麋鹿、驯鹿、驼鹿、野牛等）、鱼和腐肉等。有时机会适当它们甚至会杀死个头比它们小的黑熊充饥。居住在海岸线周围的棕熊，每年在鲑鱼产卵的季节还有机会扑进水里享受一阵子营养丰富的鲑鱼大餐。

棕熊也是奉行独身至上的动物。它们都有各自的领地，且通常颇为广阔，因为广阔的领地可以让它们衣食无忧，也能更容易地找到“心上熊”。居住在内陆的棕熊领地很大，它们一般在晨昏时分外出活动，而大白天则躲在窝里休息，不过也有些不安分的家伙任何时候都可能四处溜达。棕熊的窝通常建在隐蔽得比较好的山坡上，或是大石头底下，要么是大树的树根间。它们有时会自己动手挖个窝，然后搜罗一些干草之类的东西铺进窝里，把窝收拾得舒舒服服，这样一个窝有时会用好几年。

10 ~ 12 月，意味着冬季的大睡时刻即将到来，不过这

种冬季睡眠并非是人们过去所认为的冬眠。因为它们新陈代谢的速率并非像那些真正冬眠的动物那样下降到很低，而且这些熟睡中的熊可能随时都会醒来。但即便如此，也不是所有的棕熊都会参加冬季大睡行动的。例如那些居住在南边的棕熊，由于气候不那么恶劣，冬季的食物也还算有所保障，它们大睡的时间可能很短暂，甚至无须这样的长时间睡眠。棕熊们重新开始活跃的季节在第二年的3~5月，但具体时间还要取决于居住的地点、气候等因素。

## yánshēn xióng yǔ fēng mì
## 延伸： 熊与蜂蜜

xióng yǐ qí hún shēn máo fà péng sōng nóng mì hé ài chī fēng
熊，以其浑身毛发蓬松浓密和爱吃蜂
mì ér wén míng nà me tā men shì zěn yàng zhǎo dào fēng mì de
蜜而闻名。那么，它们是怎样找到蜂蜜的
ne nǐ yī dìng huì wèn zhè ge wèn tí qí shí zhè kào de shì
呢？你一定会问这个问题。其实，这靠的是
tā men de cháng bí zi zài cháng cháng de bí zi zhōng yǐn cáng
它们的长鼻子。在长长的鼻子中，隐藏
zhe xióng lèi líng mǐn de xiù jué xì bāo què bǎo tā men néng gòu zhǎo
着熊类灵敏的嗅觉细胞，确保它们能够找
dào zuì hǎo de fēng mì yī dàn xióng zhǎo dào fēng wō jiù huì
到最好的蜂蜜。一旦熊找到蜂窝，就会
yòng tā de zhuǎ zi pāi dǎ jǐ xià zhè jiù shǐ de fēng wō zhōng de
用它的爪子拍打几下，这就使得蜂窝中的
quán bù mì fēng táo lí ér qù zhī hòu xióng jiù kāi xīn de chī qǐ
全部蜜蜂逃离而去。之后，熊就开心地吃起
fēng mì lái
蜂蜜来。

měi zhōu de hēi xuàn fēng
# 5 美洲的黑旋风

měi zhōu hēi xióng tǐ xíng shuò dà sì zhī cū duǎn tā men de tǐ cháng yuē
美洲黑熊体形硕大，四肢粗短。它们的体长约
lí mǐ gōng xióng bǐ mǔ xióng dà hěn duō měi zhōu hēi xióng de tǐ sè yǒu hěn
120~200厘米，公熊比母熊大很多。美洲黑熊的体色有很
duō zhǒng shēng huó zài dōng běi bù de měi zhōu hēi xióng yán sè piān shēn yǐ hēi sè wéi duō
多种，生活在东北部的美洲黑熊颜色偏深，以黑色为多；
shēng huó zài xī běi bù de yán sè zé piān qiǎn máo sè yǒu zōng sè qiǎn zōng jīn sè
生活在西北部的颜色则偏浅，毛色有棕色、浅棕、金色；

shēnghuó zài jiā ná dà bù liè diān gē lún bǐ yà shěng zhōng àn de hēi xióng shèn zhì yǒu nǎi bái
生活在加拿大不列颠哥伦比亚省中岸的黑熊甚至有奶白

sè de bèi chēng wéi bái líng xióng ā lā sī jiā de měi zhōu hēi xióng zé yǒu lán huī sè
色的，被称为“白灵熊”；阿拉斯加的美洲黑熊则有蓝灰色

tǐ máo de chéng yuán yīn cǐ yě bèi chēng wéi bīng hé xióng
体毛的成员，因此也被称为“冰河熊”。

# 5.1 小耳朵大力士

xiǎo ěr duo dà lì shì

美洲黑熊有时前胸还会长有白色的胸斑。它们的口鼻长而宽，毛色稍浅。圆圆的小耳朵长在头部比较低的位置。美洲黑熊每只脚掌都长有5只不能收回的尖利爪钩，这些尖利的爪钩对撕碎食物、攀爬和挖掘方面大有帮

助。当然，有谁要是被它们用前爪扫一下也是够受的。它们的前爪拍击的力量足以杀死一头成年鹿。美洲黑熊的嗅觉极其灵敏，相比之下，它们的听力就要逊色不少了。

美洲黑熊在北美有大量分布。它们的居住范围北起阿拉斯加，向东横穿加拿大，直至东海岸的纽芬兰一拉布拉多省；向南则经美国部分地区，一直延伸到墨西哥的那亚里特和塔毛利帕斯州。美洲黑熊主要在这些分布地的山区密林中活动，据估计，在人类未抵美洲前，美洲黑熊的数量曾有上百万只，后来一度减少到 20 万只，现在大约已增加到 60 万只。

## 5.2 随季节变化的丰富食谱

美洲黑熊也是杂食性动物，但以植物性食物为主。一般来说，在它们的食物中，80%是各类的草类、果实、植物根茎、菌类、坚果等，剩下的10%为昆虫，另10%则为人类垃圾。对那些居住在人类城市附近的黑熊来说，人类垃圾是重要的食物来源；靠近海岸或河边居住的黑熊则会将鱼类、甲壳类生物作为它们的主要食物；在加拿大北部生活的黑熊

huì huā bù shǎo shí jiān bǔ zhuō lǚ shǔ　ér dào le ā lā sī jiā　nà lǐ de hēi xióng huì xīn
会花不少时间捕捉旅鼠；而到了阿拉斯加，那里的黑熊会心

mǎn yì zú de xiǎng yòng fēng fù de guī yú hé dāng dì de mí lù　měi zhōu hēi xióng huì suí zhe
满意足地享用丰富的鲑鱼和当地的麋鹿。美洲黑熊会随着

jì jié biàn huà tā men de shí pǔ　chūn jì hēi xióng huì xuǎn zé fǔ ròu hé zhí wù xìng shí wù
季节变化它们的食谱。春季黑熊会选择腐肉和植物性食物，

yě huì bǔ zhuō xiē xiǎo yě wèi bǔ chōng dōng jì xiāo hào de zhī fáng　dào le xià tiān　tā men
也会捕捉些小野味补充冬季消耗的脂肪。到了夏天，它们

huì chī dà liàng de jiāng guǒ　lìng wài zài zhuō xiē niè chǐ lèi dòng wù hé qí tā xiǎo liè wù bǔ
会吃大量的浆果，另外再捉些啮齿类动物和其他小猎物补

chōng yíng yǎng　jìn rù qiū jì　gè zhǒng shú tòu de měi wèi jiāng guǒ　shuǐ guǒ hé jiān guǒ suí
充营养。进入秋季，各种熟透的美味浆果、水果和坚果随

chù kě jiàn　ràng tā men jìn qíng xiǎng yòng　dào le wǎn qiū zǎo dōng shí fēn　tā men gèng yào
处可见，让它们尽情享用。到了晚秋早冬时分，它们更要

jiā jǐn jìn shí　yīn wèi shí wù kuì fá de lóng dōng jí jiāng dào lái　ér tā men yě yào wèi wèi
加紧进食，因为食物匮乏的隆冬即将到来，而它们也要为未

lái de dōng mián zuò zhǔn bèi le
来的冬眠做准备了。

## 5.3 顽强的领地捍卫者

美洲黑熊是独居动物。它们的活动时间根据居住地和季节的不同而有所变化。在春季，它们常在拂晓或薄暮时分外出寻找食物；到了夏季它们会花大量时间在白天活动；进入秋季，它们不论白天黑夜都会出来觅食游荡。美洲黑熊爬树本领十分高强，在躲避敌人的时候颇为有效，例如棕熊、狼群，甚至危险的人类。美洲黑熊尽管比较好斗，但也会尽量避免无谓的争斗，省得白白伤到了自己。它们常会使用视觉恫吓法吓退对方，比如张牙舞爪地站起来，朝着对方龇牙咧嘴，做出攻击状。多数的斗殴事件发生在婚配季节，为了争夺“心上人”，公熊们只得诉诸武力。另外，为了迫使那些养育孩子的单身母亲早日进入发情期，公熊们会杀掉意中人的孩子。为了保护孩子，熊妈妈总是非常小心，它们巡视的领地也不会像公熊的那么大。万一不幸遭遇危险的公熊，它们也会拼尽全力抵抗，毕竟靠自己拉扯大这些孩子十分不容易。尽管如此，在幼崽的死亡事件当中，仍有70%是公熊所为。美洲黑熊是领地性很强的动物，领地范围也很广。母熊的领地范围大概有 3~40 平方千米，而公熊则达到 20~100 平方千米。公熊的领地范围由于远大于母熊，它的领地时常会和不同母熊的领地相交，但不会和同性产生交叠。刚独立的年轻母熊开头几年可能干脆在母亲的领地内建立自己的领地。但那些男孩子们则会被妈妈远远赶开。另外，食物的丰富程度和熊的密度也会让它们的领地大小不时发生变化。

yánshēn báilíngxióng de měi lì chuánshuō
## 延伸：白灵熊的美丽传说

měizhōu hēi xióng yóu yú máo sè hé tǐ xíng duōyàng mù qián bèi fēn wéi gè yà zhǒng
美洲黑熊由于毛色和体形多样，目前被分为16个亚种。
zhè xiē yà zhǒng dāng zhōng zuì wéi dú tè de dāng shǔ shēng huó zài jiā ná dà dà xióng yǔ lín
这些亚种当中最为独特的当数生活在加拿大大熊雨林
de bái sè hēi xióng kē mò dé xióng kē mò dé xióng yě chēng wéi báilíngxióng zhǔ yào fēn bù
的白色黑熊—柯莫德熊。柯莫德熊也称为白灵熊，主要分布
zài bù liè diān gē lún bǐ yà shěng zhōng àn wēn dài yǔ lín dài de dà gōng zhǔ dǎo hé kē lǐ bù
在不列颠哥伦比亚省中岸温带雨林带的大公主岛和科里布
dǎo kē mò dé xióng yǒu lìng rén nán wàng de bái
岛。柯莫德熊有令人难忘的白
sè pí máo
色皮毛。

wèi yú běi měi zhōu běi tài píng yáng yán
位于北美洲北太平洋沿
àn de qīn xī ān rén zhōng liú chuán zhe zhè
岸的钦西安人中流传着这

yàng yī gè chuán shuō zài yáo yuǎn de gǔ dài shì jiè bèi yī piàn máng máng bīng xuě fù
样一个传说，在遥远的古代，世界被一片茫茫冰雪覆

gài nà shí hou wàn wù jiān nán de shēng zhǎng lián tài yáng yě lìn xī qǐ zì jǐ de xiào liǎn
盖。那时候万物艰难地生长，连太阳也吝惜起自己的笑脸。

shēng huó zài nà lǐ de hēi xióng jī è nán dāng tā men qí qiú shì jiè de chuàng zào zhě
生活在那里的黑熊饥饿难当，它们祈求世界的创造者——

dà wū yā xī wàng tā jiàng lín shì jiān wéi tā men jiǎn qīng tòng kǔ dà wū yā tīng le tā
大乌鸦，希望它降临世间，为它们减轻痛苦。大乌鸦听了它

men jué wàng de kū sù bù rěn xīn ràng tā men jì xù shòu kǔ yú shì ràng dà dì shang de
们绝望地哭诉，不忍心让它们继续受苦，于是让大地上的

shù mù fán mào bǎi cǎo xīng shèng dàn dà wū yā xī wàng dà jiā dōu néng láo jì guò
树木繁茂，百草兴盛。但大乌鸦希望大家都能牢记过

qù bīng xuě fù gài de rì zi yú shì jiāng de hēi xióng biàn chéng le bái sè zì
去冰雪覆盖的日子，于是将1/10的黑熊变成了白色，自

cǐ kē mò dé xióng biàn xiàn shēn shì jiān dà wū yā hái xǔ nuò kē mò dé xióng jiāng yǒng yuǎn
此柯莫德熊便现身世间。大乌鸦还许诺，柯莫德熊将永远

shēng huó zài níng jìng hé ān xiáng zhī zhōng
生活在宁静和安详之中。

dà liǎn dàn er de yuè xióng

# 6 大脸蛋儿的月熊

yà zhōu hēi xióng shì shí ròu mù xióng kē de bǔ rǔ dòng wù yòu chēng wéi yuè xióng yuè
亚洲黑熊是食肉目熊科的哺乳动物，又称为月熊、月
yá xióng gǒu xióng bié míng hēi xiā zi huò gǒu tuó zi zhǔ yào fēn bù yú yà zhōu de yìn dù
牙熊、狗熊，别名黑瞎子或狗驼子。主要分布于亚洲的印度、
ní bó ěr rì běn cháo xiǎn bàn dǎo zhōng nán bàn dǎo ā fù hàn é luó sī jí zhōng
尼泊尔、日本、朝鲜半岛、中南半岛、阿富汗、俄罗斯及中
guó
国

# 6.1 “月熊”的由来

亚洲黑熊体形比棕熊稍小，体长1.6米左右，体重一般不超过200千克。母熊的体形比较小，大概只有公熊的一半，身体粗壮。亚洲黑熊的头部又宽又圆，顶着两只圆圆的大耳朵，形状颇似米老鼠。亚洲黑熊的体毛粗密，一般为黑色，也有棕色。它们的毛虽不太长，头部两

cè què zhǎng yǒu cháng cháng de zōng máo ràng tā men de dà liǎn gèng jiā kuān dà tā men de
侧却长有长长的鬃毛，让它们的大脸更加宽大。它们的
yǎn jing bǐ jiào xiǎo dàn yǒu cǎi sè shì jué zhè yàng tā men jiù néng fēn biàn chū shuǐ guǒ hé jiān
眼睛比较小，但有彩色视觉，这样它们就能分辨出水果和坚
guǒ de bù tóng le tā men shēn shang zuì xiǎn zhù de biāo zhì shì xiōng qián yǒu yī kuài hěn míng
果的不同了。它们身上最显著的标志是胸前有一块很明
xiǎn de bái sè huò huáng bái sè de yuè yá xíng bān wén yīn cǐ yě bèi rén chēng wéi yuè xióng
显的白色或黄白色的月牙形斑纹，因此也被人称为月熊
bù guò zhè kuài bān wén de dà xiǎo hé xíng zhuàng zài bù tóng gè tǐ
（Moon bear）。不过这块斑纹的大小和形状在不同个体
zhī jiān yǒu hěn dà de chā yì yǒu de kě néng zhǐ shì yī tiáo tǐng xì de xiàn yǒu de zé shì hǎo
之间有很大的差异，有的可能只是一条挺细的线，有的则是好
dà yī kuài sān jiǎo bān
大一块三角斑。

## cōngmíng de shùnfēng ěr
## 6.2 聪明的顺风耳

yà zhōu hēi xióng yǐ zhī jiǎo zhǎng zháo dì xíng zǒu tā men de sì zhī cū zhuàng
亚洲黑熊以4只脚掌着地行走，它们的四肢粗壮
yǒu lì jiǎo zhǎng shuò dà yóu qí shì qián zhǎng jiǎo zhǎng shang shēng yǒu gè zhǎng zhe
有力，脚掌硕大，尤其是前掌。脚掌上生有5个长着
jiān lì zhǎo gōu de jiǎo zhǐ dàn tā men de zhǎo gōu bù néng shōu huí tā men tōng cháng yǐ
尖利爪钩的脚趾，但它们的爪钩不能收回。它们通常以
sì zhī xíng zǒu dàn shì yě néng yòng hòu tuǐ zhàn lì bù xíng zī tài yáo bǎi gěi rén yǐ bèn
四肢行走，但是也能用后腿站立。步行姿态摇摆，给人以笨
zhuō de yìn xiàng qí shí tā bìng bù bèn bù jǐn huì pá shù hái huì yóu yǒng lìng wài hé
拙的印象。其实它并不笨，不仅会爬树，还会游泳。另外，和
qí tā xióng kē dòng wù yí yàng tā men de wěi ba yě hěn duǎn yà zhōu hēi xióng de xiù jué hé
其他熊科动物一样，它们的尾巴也很短。亚洲黑熊的嗅觉和
tīng jué hěn líng mǐn shùn fēng kě wén dào bàn gōng lǐ yǐ wài de qì wèi néng tīng dào
听觉很灵敏，顺风可闻到半公里以外的气味，能听到300
bù yǐ wài de jiǎo bù shēng
步以外的脚步声。

yà zhōu hēi xióng shí xìng jiào zá yǐ zhí wù yè yá guǒ shí zhǒng zi wéi shí
亚洲黑熊食性较杂，以植物叶、芽、果实、种子为食，
xǐ huan gè zhǒng jiāng guǒ zhí wù nèn yè zhú sǔn hé tái xiǎn děng yǒu shí yě chī kūn
喜欢各种浆果、植物嫩叶、竹笋和苔藓等。有时也吃昆
chóng niǎo luǎn wā yú fǔ ròu hé xiǎo xíng shòu lèi děng bìng fēi suǒ yǒu de hēi xióng zài
虫、鸟、卵蛙、鱼、腐肉和小型兽类等。并非所有的黑熊在
dōng jì dào lái zhī shí dōu huì quán chéng dōng mián yóu qí nà xiē jū zhù zài yà zhōu nán bù yán
冬季到来之时都会全程冬眠，尤其那些居住在亚洲南部炎

热地带的黑熊。只有北方的黑熊有冬眠习性，整个冬季蛰伏洞中，不吃不动，处于半睡眠状态，至第二年3、4月份才出洞活动。而另外一些只在冬季气候最恶劣的那几天冬眠。需要冬眠的黑熊会在夏季季末开始四处狂吃，以便储存足够的脂肪。冬眠期间它们新陈代谢的速度将降低一半，也不再排泄，而是把排泄物转化成蛋白质。它们的心跳频率也随之降低，从每分钟40～70次下降到每分钟8～12次。另外，它们的体温也下降到3～7℃。

## 6.3 伟大的熊妈妈

亚洲黑熊基本为独居动物，只有交配的时候才会雌雄相会，并可能在一起寻找食物。和其他种类的哺乳动物相比，刚出生的黑熊宝宝小得可怜，体重只有 200 ~ 300 克。这是因为黑熊妈妈在怀孕期间不再进食，而是将体内的蛋白质分解成葡萄糖来为肚子里的宝宝提供养分。由于在母体内养分吸收不足，出生后的黑熊宝宝体形十分小。不过熊妈妈的母乳蕴含极为丰富的脂肪和养分，足以将它们先前缺失的部分补充回来，也正因为如此，熊妈妈不用像其他食肉动物那样需要给孩子频繁哺乳。

熊宝宝出生一周后才能睁眼，断奶则最少需要 3 个月。孩子们通常会和妈妈一起生活 2 ~ 3 年才会独闯天下。野外的黑熊，如果没被人类以及其他天敌杀害的话，最长寿命约有25岁。圈养状况下最高纪录则为33岁。亚洲黑熊也有各自的领地，它们的领地大小根据食物情况而各有不同，一般来说，食物来源越丰富，领地范围就越小。因此，黑熊的领地从6.4～9.7平方千米至16.4～36.5平方千米不等。黑熊对人类的惧怕远远超过人类对它们的恐惧，因此黑熊一般都会远离人类。它们通常只有感到威胁或保护幼崽的情况下才会袭击人类。

## 延伸：黑熊为什么叫黑瞎子？

亚洲黑熊又叫狗熊、月熊，还有个俗称黑瞎子。这是为什么呢？因为它天生近视，百米之外的东西就看不清了，不过它的耳、鼻灵敏，顺风可闻到半公里以外的气味，能听到300步以外的脚步声。别看它外表愚拙，实际上机警过人。平时黑熊以植物为主食（你一定听过黑瞎子掰苞米的故事），在秋季却大吃昆虫等动物性食品，在体内贮存大量脂肪准备在树洞里冬眠。它们因为眼神不济，所以练就了一身昼夜都行动自如的本领。

qín kuai de lǎn xióng
# 7 勤快的懒熊

xiǎo péng yǒu men dì yī cì tīng dào lǎn xióng zhè ge míng zi nǐ shì fǒu jué de zhè
小朋友们，第一次听到懒熊这个名字，你是否觉得这
zhǒng xiǎo xióng yī dìng hěn lǎn duò ne qí shí yā lǎn xióng de jiǎo zhǎng kān chēng jù dà
种小熊一定很懒惰呢？其实呀，懒熊的脚掌堪称巨大，
jiǎo zhǎng shang zhǎng zhe hěn cháng de zhǎo gōu bù dàn fāng biàn tā men wā jué yǐ xué hái
脚掌上长着很长的爪钩，不但方便它们挖掘蚁穴，还
biàn yú tā men pá shù zhè xiē zhǎo gōu xíng zhuàng yǔ shù lǎn de lèi sì lǎn xióng de míng zi
便于它们爬树。这些爪钩形状与树懒的类似，懒熊的名字
yě yīn cǐ dé lái bù míng jiù lǐ de rén chū cì tīng dào lǎn xióng zhè ge míng chēng kě néng
也因此得来。不明就里的人初次听到“懒熊”这个名称可能
huì rèn wéi tā men shēng xìng lǎn duò qí shí zhè shì bù duì de shuō fǎ yo
会认为它们“生性懒惰”，其实这是不对的说法哟。

# 7.1 特别的白蚁爱好者

懒熊主要居住在印度和斯里兰卡，在孟加拉国、尼泊尔和不丹也有少量分布。20多年前，它们曾在印度和斯里兰卡随处可见，如今却成了稀有之物，只有在热带地区的森林和草原上还能窥见它们的身影，特别是在低海拔而又比较干旱的林地以及岩石地带。

它们是中等体形的熊科动物，体长约有1.4~1.8

米，尾长 0.1~0.12 米。公熊体重 80~140 千克，母熊体重 55~95 千克。懒熊全身长着长长的黑毛，毛发中间夹杂着棕色或灰色，前胸点缀着一块白色或淡黄色的“U”形或“Y”形斑纹。懒熊的脸部毛发相对较少，毛色偏灰。它们的口鼻很长，还能灵活移动，嘴唇裸露，舌头也很大，另外，它们还能随意控制鼻孔闭合。懒熊的上颚只有 4 颗门齿，而不像很多其他种类的动物那样上下各有六颗，这样中间形成空隙就有助于它们吸食白蚁。懒熊尾巴粗短，脚掌巨大，上面长着很长的爪钩，不但方便它们挖掘蚁穴，还便于它们爬树。懒熊能噘起柔软的嘴唇，形成一根管子，并控制着的舌头。它吹掉白蚁洞中的尘土，闭上鼻孔，通过吸气把白蚁吸上来吃掉。

## 7.2 讷言敏行的行动派

懒熊看上去体态笨拙，平常安静温驯，不轻易吼叫，所以人们可能会以为这是一种呆傻的动物，然而这种观点是错误的。事实上，懒熊与其他熊类相比，最大的特点就是讷言敏行，它甚至聪明到知道根据不同的季节到各个地点去寻找在该时节成熟的果实的地步。懒熊的主要食物是白蚁等昆虫，另外也吃树叶、花朵、水果，并会捡食腐肉。此外与其他熊类一样，它也十分爱吃蜂蜜。每年的3~6月，是水果最为丰富的时节，这时水果在它们的食谱里往往占了比较大的比重，有时甚至高达50%。懒熊对蚁穴和蜂巢有着浓厚的兴趣。每当搜寻到白蚁穴，它们就会用利爪使劲撕开洞口，扒掉周围的土块，然后把长长的嘴伸进白蚁的巢穴大快朵颐。有时甚至远在100多米之外都能听到懒熊吸食白蚁的时候发出的响亮的“噗噗”声。它们闭合自如的鼻子在捕食白蚁时起了不小的作用，把飞扬的尘土和四散奔逃的白蚁统统挡在了外面。对懒熊来说，白蚁是比较充足的食物来源，因为一年到头都能找到。如果离人类生活区较近，懒熊有时也会盗食甘蔗、玉米等农作物。

由于生活在热带地区，懒熊不冬眠，白天时懒熊通常在靠近河岸边的洞穴里舒服地休养生息，夜间才会出来活动觅食。它们有极好的嗅觉，可视力和听觉不是一般的差，

有时人类或其他动物来到近旁之后它们才发现。懒熊本身并不是好斗的动物，不过这种“突如其来”的近距离接触也会让它们吓一大跳，为了自我保护，它们也会使用武力赶走“入侵者”。懒熊虽然平时性情比较温驯，但偶尔“发威”时绝不会辜负熊类力大凶猛的形象。人们对懒熊的了解十分有限，据推测，它们应该也是独行动物，多数时候孤身只影，除了那些带着孩子四处奔波的单身母亲。懒熊在雨季到来的时候会减少活动。懒熊会在树边磨蹭身体，并抓挠树干，以便留下自己的气味。但它们对领地不太看重，它们可以友善地对待共享领地的同类，很少发生摩擦。

# 8 森林中的爬树高手

马来熊属食肉目、熊科、熊亚科、马来熊属，是熊科动物中体形最小的成员。成年马来熊身高约120~150厘米。公熊的个头只比母熊稍大一些。马来熊的头部比较宽，凸出的口鼻部分呈浅棕或灰色，两只圆耳朵很小，位于头部两侧较低的位置上。它们的舌头很长，这样吃起白蚁或其他昆虫来倒是方便了不少。马来熊的脚掌向内撇，尖利的爪

gōu chéng lián dāo xíng zhè ràng tā men chéng le dàng rén bù ràng de pá shù gāo shǒu mǎ lái
钩呈镰刀形，这让它们成了当仁不让的爬树高手。马来

xióng de qián xiōng tōng cháng diǎn zhuì zhe yī kuài xiǎn yǎn de xíng bān wén bān wén chéng
熊的前胸通常点缀着一块显眼的"U"形斑纹，斑纹呈

qiǎn zōng huáng huò huáng bái sè rú guǒ dǎ qǐ jià lái zhè kuài xiōng bān kàn qǐ lái dǎo zēng
浅棕黄或黄白色。如果打起架来，这块胸斑看起来倒增

jiā le jǐ fēn wēi měng jìn er
加了几分威猛劲儿。

mǎ lái xióng zhǔ yào fēn bù zài dōng nán yà hé nán yà yī dài bāo kuò lǎo wō jiǎn pǔ
马来熊主要分布在东南亚和南亚一带，包括老挝、柬埔

zhài yuè nán tài guó mǎ lái xī yà yìn ní miǎn diàn hé mèng jiā lā guó děng dì zài
寨、越南、泰国、马来西亚、印尼、缅甸和孟加拉国等地，在

wǒ guó de yún nán lù chūn yǐ jí xī zàng máng kāng yě yǒu shǎo liàng fēn bù mǎ lái xióng yě
我国的云南绿春以及西藏芒康也有少量分布。马来熊也

shì lín qī dòng wù tā men kù ài jū zhù zài rè dài hé yà rè dài dī wā dì dài mào mì de sēn
是林栖动物，它们酷爱居住在热带和亚热带低洼地带茂密的森

林中。马来熊的个性孤僻，和很多野生动物一样，它们也更喜欢在夜间出来活动，白天在树上休息。由于是出色的爬树高手，它们生活中有很大一部分时间是在离地 2~7 米的树杈上度过的，包括睡眠和日光浴。

马来熊也是杂食性动物，一般吃树叶、果实、蜂蜜、昆虫及小动物。最常见的是蜜蜂和蜂蜜、白蚁以及蚯蚓，如果能找到各种美味的果子和棕榈油，当然也不会放过。偶尔运气不错，它们也会捕捉一些小型啮齿类动物、鸟类和蜥蜴等打打牙祭，甚至还会帮助老虎打扫吃剩的腐肉。它的长舌很适合从野蜂窝中取食蜂蜜和土里的蛴螬，由于它有粗糙短毛的保护，可以免遭蜂蜇。马来熊有时还挖掘白蚁吃，它用两只前掌交替着伸进蚁巢，再舔食掌上的白蚁。

马来熊特别怕冷，不冬眠。或许这是因为它们居住在炎热地带，且食物来源一年到头都比较充足的缘故吧。年幼的马来熊不具有攻击性，不过长大后依然会变得有一定危险性，因为它们毕竟是熊（当然与棕熊和北极熊无法相比）。

人们对野生马来熊的了解不多。它们可能没有固定的交配季节，因为一年到头都可能有小熊降生。母熊的孕期大约有95天，它们也有受精卵延迟着床现象，国外的动物园就曾记录表明，有的母熊怀孕长达174~240天。母熊每次大约能产下两个孩子，有时会有三个。新生的小熊十分柔弱，体重只有300克左右，全身也没有毛发，它们会和母亲一起生活到成年才会独立生活。圈养情况下，它们的最长寿命大概有24岁。

# 9 南美洲的睡熊

因睡熊多居住于阿根廷南部，故称南美睡熊。睡熊性情温和，以素食为主，因其生理局限性，运动量过大会导致大脑缺氧引发昏睡，睡熊一生中大部分时间是在瞌睡中度过的。在海上，瞌睡可以让睡熊逃避死亡的威胁；在陆地，瞌睡却成了它们的致命诱因。面对危险，只有克服瞌睡，紧急逃往大海入睡，才是睡熊的唯一求生途径。为了生存，睡熊一生都在和瞌睡进行着“悲壮”的抗争。睡熊属体形中等的熊科动物，体长180厘米左右，公熊体重约140千克，比母熊约重30%~40%，全身覆盖黑毛，毛发中夹杂着棕色或灰色毛，前胸缀着一块白色或淡黄色的S形或X形斑纹，很像美国大片《超人归来》中超人胸前的符号；睡熊脸部毛发较少，舌头又宽又长，熟睡时会不知不觉地伸出来。

南美睡熊长期在靠近南极氧气稀薄的地带生活，其脑部供氧严重不足，如果像内陆低海拔平原地区的熊类一样活泼好动，就容易导致脑溢血或脑血管萎缩。在长期进化过程中，睡熊的叶脑长有一个小“阀门”，一旦它们活动过多，体内耗氧量增大，脑部阀门就会自动关闭，使得它们立即昏睡，从而避免缺氧致死的后果。此外，在寒冷地带保持长时间的睡眠状态，能使睡熊少量进食就能储足生存所需的能量。

dì sān zhāng dāngxióng zǒu jìn rén lèi shì jiè

# 第三章 当熊走进人类世界

tài dí xióng de yóu lái

## 1 泰迪熊的由来

xiǎo péng yǒu men nǐ men shì fǒu tīng guò zǒng tǒng yǔ xiǎo xióng de gù shi ne
小朋友们，你们是否听过总统与小熊的故事呢？
nián dāng shí de měi guó zǒng tǒng xī ào duō luó sī fú cān jiā le yī cì shòu liè huó
1902年，当时的美国总统西奥多·罗斯福参加了一次狩猎活
dòng yóu yú yī lù xià lái háo wú shōu huò tóng xíng de rén wèi le ān fǔ hé tǎo hǎo zǒng tǒng
动。由于一路下来毫无收获，同行的人为了安抚和讨好总统，
jiù bǎ shì xiān bǔ huò de xiǎo hēi xióng bǎng zài shù shang hǎo ràng zǒng tǒng shè shā luó sī fú
就把事先捕获的小黑熊绑在树上，好让总统射杀。罗斯福
kàn dào yǐ shòu shāng de xiǎo xióng wú gū kě ài de mú yàng bù rěn xià shǒu tā fàng xià qiāng
看到已受伤的小熊无辜可爱的模样，不忍下手。他放下枪

shuō zhè bù shì yī chánggōngpíng de jìngzhēng hái dāngchǎng fā shì cóng cǐ bù zài
说：“这不是一场公平的竞争！”还当场发誓从此不再
liè shā hēi xióng cǐ shì hòu lái bèi zhèng zhì mànhuà jiā bèi lì mànzuòwéi lán běn huà le yī fú
猎杀黑熊。此事后来被政治漫画家贝利曼作为蓝本，画了一幅
mànhuà zài niǔ yuē jīngyíng zá huòshuǐguǒ pù de é yì shāngrén mǐ dé mǔ fū fù yī zhàozhè
漫画。在纽约经营杂货水果铺的俄裔商人米德姆夫妇依照这
fú mànhuàzhōng de xíngxiàng zhì zuò le yī zhī xiǎoróngmáoxióng bìngjiāng tā fàng zài pù li
幅漫画中的形象制作了一只小绒毛熊，并将它放在铺里
zuòzhuāng shì yì wài de shì xiǎoxiónghěnkuài jiù bèimǎizǒu zài dé dào luó sī fú zǒng
做装饰。意外的是，小熊很快就被买走。在得到罗斯福总
tǒng de yǔn xǔ hòu zhèzhǒngxiǎoxióng bèi zhèng shì yǐ zǒngtǒng de xiǎomíng
统的允许后，这种小熊被正式以总统的小名——Teddy
lái mìngmíng zhè jiù shì fēng mǐ quán qiú jiā yù hù xiǎo de tài dí xióng xíngxiàng de yóu
来命名。这就是风靡全球，家喻户晓的泰迪熊形象的由
lái
来。

# 2 蚁熊教会我们的事

华莱士是美国哥伦比亚大学生物学客座教授。他考察亚马孙河热带雨林动植物的种类、习性及生态平衡，著作颇丰。他专门追踪一种叫蚁熊的动物。蚁熊，顾名思义就是吃蚂蚁的熊，它是世界上最大的食蚁兽，平均每天要吃掉1.8万只蚂蚁。让华莱士大为吃惊的是，蚁熊有一种特殊习性：它吃蚂蚁时绝不会赶尽杀绝，每当挖开一个有成千上万只蚂蚁的窝，它只把一小部分蚂蚁吃掉，最贪婪时也只吃500

只左右，其他的全部放生，它再径自寻找下一个蚂蚁窝。蚂蚁虽小，有时竟能集合起来把鲜活的大蚯蚓拖入蚁穴吃掉。蚁熊见到此情景从不惊扰蚂蚁，让它们饱餐美味佳肴。华莱士对此十分感兴趣，蚁熊为何大讲“人道主义”？道理其实很简单，因为它很清楚，要使自己的种群在地球上生存，让蚁熊家族子子孙孙繁衍下去，就必须有充足的食物。它的“宽厚仁慈”实际上来自本身生存和发展的需要。这是自然界生物链的自然平衡原则和现象。华莱士从蚁熊那里得到启示：人类要有节制地利用地球上的有限资源，尤其是日趋减少的资源。掠夺性开采，赶尽杀绝，吃光、采光、用光，这种竭泽而渔的做法，最后危及的是人类自身！

# 3 人类——气候——北极熊

对许多人来说，全球气候变暖似乎距离他们还很遥远，但这种气候现象正在改变北极熊的行为习性。例如，研究人员就发现成年北极熊背上驮着幼崽游过冰冷的海水。研究人员认为，由于北极地区在夏天冰雪融化，北极熊只好进行更长距离的游泳，致使小北极熊不堪重负，只能趴在妈妈背上旅行。世界野生动物基金会（WWF）的环保主义者称，趴在妈妈背上

huódòng duì xiǎo běi jí xióng zài fēn bù zhe suì bīng de hǎi shuǐ zhōng de shēng cún jí wéi guān jiàn nà
活动对小北极熊在分布着碎冰的海水中的生存极为关键，那
lǐ shì běi jí xióng bǔ shí hǎi bào de zhǔ yào qū yù
里是北极熊捕食海豹的主要区域。

yán jiū rén yuán biǎo shì zhè shì tā men dì yī cì fā xiàn zhè zhǒng xiàn xiàng pā zài mā ma bèi
研究人员表示，这是他们第一次发现这种现象，趴在妈妈背
shang yì wèi zhe yòu zǎi néng gòu zhí jiē yǔ mā ma de pí máo jiē chù ér qiě shēn tǐ dà bù fen jiāng
上意味着幼崽能够直接与妈妈的皮毛接触，而且身体大部分将
yuǎn lí bīng lěng de hǎi shuǐ cóng ér jiǎn shǎo tā men de rè liàng sǔn shī jiàn yú běi jí xióng yòu zǎi
远离冰冷的海水，从而减少它们的热量损失。鉴于北极熊幼崽
hái méi yǒu zhǎng chū zú gòu duō de zhī fáng yǐ duì kàng zài hǎi shuǐ zhōng cháng shí jiān yóu yǒng shí xū
还没有长出足够多的脂肪以对抗在海水中长时间游泳时需
yào miàn duì de yán hán zhè zhǒng zuò fǎ duì yòu zǎi de shēng cún zhì guān zhòng yào
要面对的严寒，这种做法对幼崽的生存至关重要。

# 4 熊的冬眠给人类的启示

我们都知道，熊是很懒惰的动物，在长达5~7个月的冬眠期内，甚至不需要排泄。而人类的肌肉如果得不到使用将在短时间内丧失力量。这是为什么呢？

每年冬季，美国阿拉斯加的黑熊都要冬眠，时间最长达到7个月。这段时间里，它们不吃不喝也不排泄。而当它们从沉睡中苏醒后，一切好像都没发生过一样，它们的生理状况几乎和进入冬眠前一样。研究人员对这一奇特的现象进行了分析。在冬眠期间，黑熊的心率降到了每分钟14下，新陈代谢也下降了3/4。当黑熊从冬眠中苏醒过来时，它们并没有出现肌肉损伤和骨质疏松的情况。

“如果我们发现了这种保护的遗传和分子基础，那在这种降低代谢的机制下，我们很可能研究出一种治疗骨质疏松与肌肉萎缩的疗法。这种方法同时可以延缓或暂停救治的黄金时间，直到患者被运送到更好的医疗环境中。”

一项最新的研究表明，黑熊在长长的冬眠期内肌肉仍然能够保持大部分的力量。这一现象的发现在未来也许将帮助科学家预防患者在卧床休养期间、肢体康复期间，或是宇航员在太空飞行期间所引起的肌肉萎缩现象。一个研究小组在熊的冬眠早期以及末期对熊进行了活组织切片检查，结果发现，熊的肌肉在冬眠期间同样保持着力量。研究人员在夏季通过无线电发射机跟踪熊的行踪，在冬季利用无线电信号找到熊藏身的洞穴。在对一只已经冬

眠的熊使用镇静剂后，研究人员测量了熊的神经受到刺激后一条后肢的肌肉收缩情况。英国《自然》杂志指出，从秋季末冬眠开始到130天后冬眠结束期间，熊的力量仅仅减少了23%。人类如果在这么长的时间内停止一切活动将变得极度虚弱，根据对卧床休养以及宇航员的短期研究推断，估计人类的肌肉在相同情况下将丧失90%的力量。与熊相比，什么是人类所不具有的？对于这一点，研究人员尚未搞清，但是他们提出了几种可能性。在冬眠期间，熊

可能对消化道中部分没有充分消化的食物进行再消化，或者熊可以对尿素——一种蛋白质分解后的产物进行循环使用，重新补充肌肉的蛋白质。研究小组同时推测，熊通过收缩以及颤抖来保持肌肉的紧张性。

## 5 熊会袭击人吗？

虽然大多数熊称不上性格温顺，但也并不会主动袭击人。在日本山间活动的人往往佩戴驱熊铃铛，熊在远处就能听到声音而不敢靠近，北美的探险队员也是采取边行进边弄出声响的办法吓跑周围的熊。那么为什么会发生熊袭击人的事件呢？主要的原因还是在于人。第一，由于人类不断地深入野生动物的栖息地，熊为了捍卫幼崽、保护食物、自我防卫等原因而对入侵的人类发起攻击。其次，人类的活动破坏了生态平衡，导致熊的食物减少，不得不到城镇和村庄觅食，与人狭路相逢时可能就会发生袭击事件。最后，熊是一种非常聪慧的动物，聪明的熊可能会记住人类猎杀它们同类的行为，并做出复仇的举动，就像电影《熊的故事》里那样。在俄罗斯堪察加地区，因为人类过度捕鱼，导致熊的主要食物三文鱼数量大幅下降，迫使熊逐步

zǒu jìn chéng shì fàn
走近城市范
wéi fān dǎo lā jī
围，翻倒垃圾
tǒng zhǎo shí wù xí
桶找食物，袭
jī rén lèi de gè àn
击人类的个案
suí zhī zēng duō zài
随之增多。在
rì běn jìn nián lái
日本，近年来
suí zhe zì rán lín miàn
随着自然林面
jī de suō jiǎn jiā zhī qì hòu biàn nuǎn shān máo jǔ lì shù děng jiē shí jiǎn shǎo xióng yóu yú
积的缩减，加之气候变暖，山毛榉、栎树等结实减少，熊由于
shí wù bù zú ér zǒu chū shān lín ā lā sī jiā yuán běn shì rén jì hǎn zhì de jìng tǔ dāng dì
食物不足而走出山林。阿拉斯加原本是人迹罕至的净土，当地
de xióng zài gè tiáo xī liú zhōng mì shí suí zhe rén lèi de qiān rù rén hé xióng de shēng cún
的熊在各条溪流中觅食，随着人类的迁入，人和熊的生存
fàn wéi xiāng hù chóng dié xí jī shì jiàn yě jiù bù kě bì miǎn de fā shēng le qì hòu biàn
范围相互重叠，袭击事件也就不可避免地发生了。气候变
nuǎn yě ràng běi jí quān měi nián hǎi bīng xíng chéng de gèng wǎn róng huà de gèng zǎo jī è
暖也让北极圈每年海冰形成得更晚，融化得更早，饥饿
de běi jí xióng jiāng bèi pò zài àn shang huā fèi gèng duō shí jiān yù dào rén lèi fā shēng
的北极熊将被迫在岸上花费更多时间，遇到人类，发生
qián zài de bēi jù jié jú de kě néng xìng yě zēng dà le yě shēng de xióng duì mò shēng de rén
潜在的悲剧结局的可能性也增大了。野生的熊对陌生的人
lèi hái shì huái yǒu wèi jù de tā men zhǐ qiú zài zì jǐ de shì jiè lǐ ān jìng de shēng huó xiāng
类还是怀有畏惧的，它们只求在自己的世界里安静地生活，相
xìn rú guǒ rén lèi gèng zūn zhòng zì rán ài hù zì rán xǔ duō bēi jù yě jiù bù huì fā shēng
信如果人类更尊重自然、爱护自然，许多悲剧也就不会发生
le
了。

rú guǒ yù dào le xióng wǒ men yīng gāi zěn me bàn
# 6 如果遇到了熊，我们应该怎么办？

xǔ duō rén dōu tīng shuō guò yù dào xióng zuì hǎo de qiú shēng fāng fǎ jiù shì tǎng xià
许多人都听说过，遇到熊最好的求生方法就是躺下

zhuāng sǐ yīn wèi xióng bù chī sǐ le de dòng wù zhè zhǒng shuō fǎ guǎng fàn dàn shì jué bù
装死，因为熊不吃死了的动物。这种说法广泛但是绝不

kě qǔ yīn wèi dòng wù de shī tǐ gè zhǒng xióng dōu shì bù jù jué de běi jí xióng biǎo
可取。因为动物的尸体，各种熊都是不拒绝的，北极熊表

shì wǒ men zhè lǐ de ròu cháng qī bǎo xiān mǎ lái xióng zé jīng cháng xiǎng yòng lǎo hǔ
示“我们这里的肉长期保鲜”，马来熊则经常享用老虎

de cán gēng kē yán rén yuán zēng pāi shè dào dà xióng māo duì zhe sǐ qù de xiǎo lù dà kuài duǒ
的残羹。科研人员曾拍摄到大熊猫对着死去的小鹿大快朵

yí jìn nián lái xǔ duō zōng xióng hé hēi xióng de qī xī dì bèi pò huài shí wù kuì fá de tā
颐，近年来许多棕熊和黑熊的栖息地被破坏，食物匮乏的它

们就盯上了居民区的垃圾桶，总而言之，新鲜的肉当然更好吃，但熊并不会浪费死掉的大餐。即使遇到的是一头吃饱了的熊，它不太想吃死肉，但生性贪玩的它如果伸出力大无穷的厚掌把装死的你翻过来拍过去地查看，或者用生满了倒刺的舌头舔你，或者在你身上坐一坐……这都不是有趣的事，不死也得搭上半条命。而如果是饥饿的熊的话，不管猎物死活它都会直接开餐的，所以万一“熊出没！”的话，装死并非明智之举，还是来看看到底应该怎么应付吧！遇

到熊时最首要的是保持镇静，不要和熊对视，不要做出突然的举动，大多数时候熊并没有侵略性，它们往往只是站立起来观察你是否对它造成威胁，这时瞪视、奔跑和尖叫都可能引起它不安而发动攻击。熊善于爬树和游泳，而且奔跑的速度也比人类要快许多，所以不要妄图通过奔跑快速逃脱。应该冷静地花几秒钟时间评估一下周围的环境，确定出逃生的路线，再缓慢地、顺着风、倒退着离开。中国俗语管熊叫“熊瞎子”，这是因为熊的视力不发达，但熊具有非常灵敏的嗅觉和听觉，所以顺风慢慢倒退离开可以避免它

根据气味进行追踪，保持安静可以让熊觉得你对它无害。有“装死逃过熊掌”的报道，往往是因为当时熊并不饿，而当事人蜷缩躺下，用手护住头颈装死的举动，减轻了熊“受到威胁”的感觉，避免了它受惊而自卫。但如果熊已经发动了攻击，则要立即还手，顽强抵抗，击打熊的鼻子，让熊知道猎物不易得手，知难而退。

# 第四章 真假熊类小课堂

## 1 珍珠熊实为珍珠鼠

金丝熊又叫珍珠熊，形态像熊，却不是熊，而是鼠。身长18厘米，成年鼠体重0.2千克。金丝熊的毛色棕黄，有的带褐色斑点或白色毛。原产于叙利亚、黎巴嫩、以色列。金丝熊是杂食动物，适应性较强，主食各种杂草、种子和粮食，偶尔猎食昆虫，

yǒuchǔcún shí wù de xí xìng bù dōngmián lì yòngchǔcún de shí wùguòdōng réngōng sì yǎng
有储存食物的习性，不冬眠，利用储存的食物过冬。人工饲养

qíngkuàngxià kě wèi shí mǐ fàn qīngcài shēngguā zǐ huāshēngshuǐguǒ miànbāo chóngděng
情况下可喂食米饭、青菜、生瓜子、花生、水果、面包、虫等。

jīn sī xióngxìngqíngjiàowēnshùn shì jiàozǎochéngwéirén lèi chǒngwù de dòngwù zhī yī
金丝熊性情较温顺，是较早成为人类宠物的动物之一。

## 2 神秘的食物小偷儿

浣熊是“游泳健将”。体形较小，体重一般不超过10千克，最小的不到1千克。体长65至75厘米，尾长约25厘米。浣熊眼睛周围为黑色，皮毛大部分为灰色，也有部分为棕色和黑色，也有罕见白化种。树栖的蓬尾浣熊属和地栖的长鼻浣熊都有尾环，而卷尾浣熊和长尾浣熊属的长尾（超过体长1.5~2倍）无环纹。浣熊喜欢栖息在靠近河流、湖泊或

池塘的树林中，它们大多成对或家族一起活动。浣熊白天大多在树上休息，晚上出来活动。虽然是食肉目动物，但浣熊偏于杂食，它通常吃鱼、蛙和小型陆生动物，也吃野果、坚果、种子、橡树籽等，不伤害人畜。生活在都市近郊的浣熊常会潜入人类住处偷窃食物，加上眼睛周遭黑色条纹特征，因此常被称为“食物小偷儿”。它们大部分生活在加拿大，零点后出门，加拿大人称之为“神秘小偷儿”。

# 3 树上的大胃王

树袋熊生活在澳大利亚，是澳大利亚的国宝，一种珍贵的原始树栖动物。树袋熊又叫考拉，虽然被称为熊，但它并不是熊科动物，而且相差甚远，熊科属于食肉目，树袋熊却属于有袋目。树袋熊身体长70~80厘米左右，成年树袋熊体重8~15千克。性情温顺，长相憨厚，酷似大耳朵

的小熊。树袋熊以桉树叶和嫩枝为食，从不下地饮水，这是因为树袋熊从桉树叶中得到了足够的水分。考拉很喜欢晒太阳，经常趴在树上不动。白天，树袋熊通常将身子蜷作一团栖息在上桉树上，晚间才外出活动，沿着树枝爬上爬下，寻找桉叶充饥。它胃口虽大，却很挑食。它特别喜欢吃玫瑰桉树、甘露桉树和斑桉树上的叶子。一只成年树袋熊每天能吃掉1千克左右的桉树叶。树袋熊独居，它们一生的大部分时间生活在桉树上，它们的肝脏十分奇特，能分解桉树叶中的有毒物质，考拉的睡眠时间长也是为了更好地消化有毒物质。

# 4 飞檐走壁的贪吃兽

貂熊在外形上介于貂与熊之间，它不是熊，而是现存最大的陆生鼬科动物。身体不大，连头带尾长 80～100 厘米，体重 8~14 千克。身体和四肢粗壮像熊，但有一条长长的尾巴；被毛棕褐色，身上有状似“月牙”的纹路，故有“月熊”之称。貂熊生活在我国大兴安岭北部和新疆

阿尔泰地区，是我国的国家一级保护动物。西伯利亚、北欧和北美也有分布。貂熊昼伏夜出，生性机警，行动隐蔽，善游泳、攀爬，可在密林中自由跳动，故又名“飞熊”。别看它个子不大，却是小型食肉类动物中最凶悍的一种。它特别贪吃，驯鹿、马鹿一类大型食草动物的雌兽和幼崽都不免遭它的毒手，有时还要捕捉狐狸、野猫一类的食肉兽为食。甚至连猞猁都要让它三分。貂熊还常常偷盗人类的食物，有时还会偷盗或毁坏人们的器物。

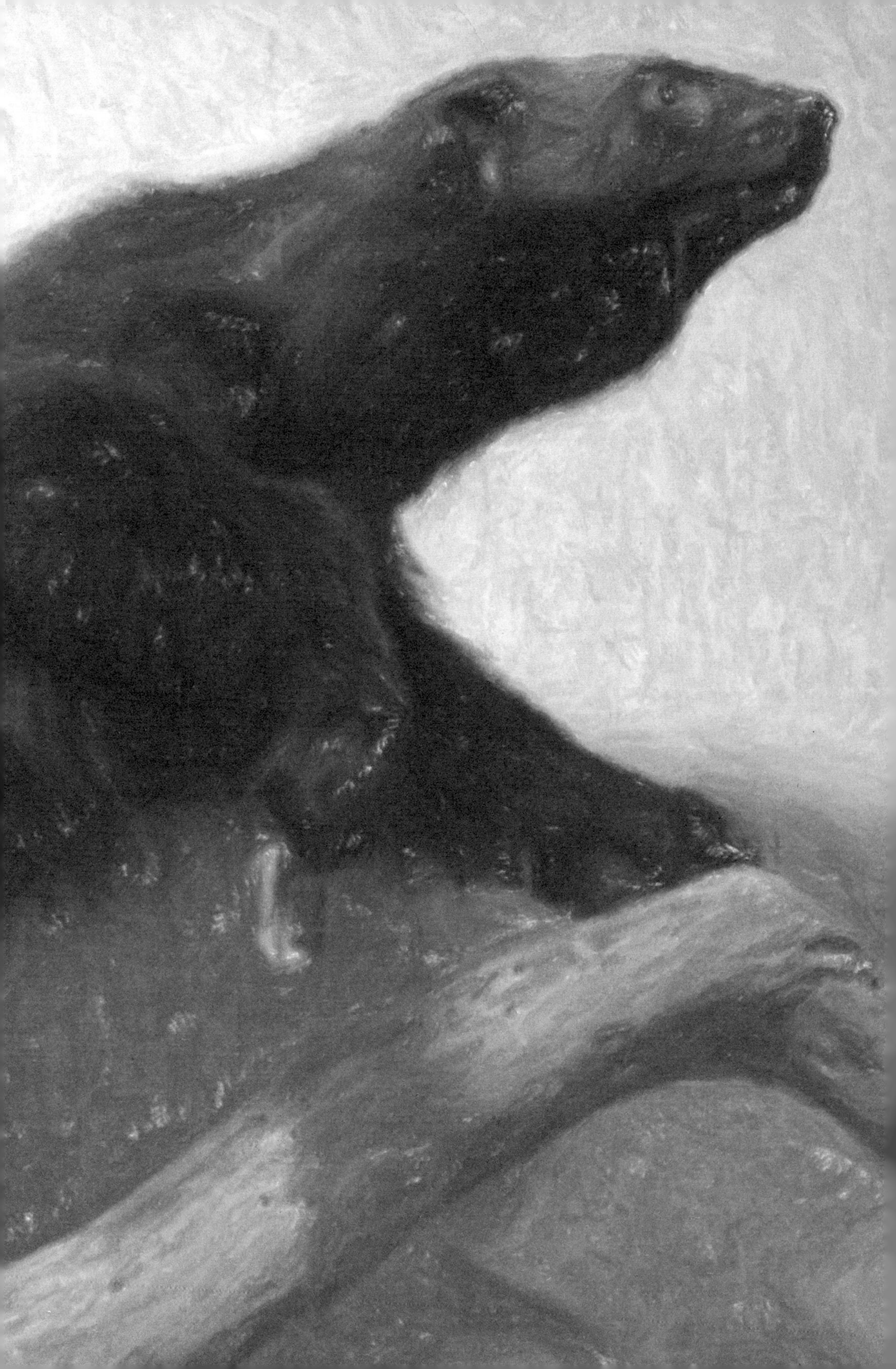

# 5 矮个子的袋熊

袋熊长相稍像熊，但比熊小。腹部有向右打开的育儿袋，袋内有两个乳头，袋口向后开。它们的身体矮胖敦实，称得上“五短身材”。袋熊生活于草原或丘陵地带，穴居生活，很善于挖洞，它们栖居的洞穴比较大，一般洞穴纵深可达10米。袋熊喜独来独往，为夜行动物，白天藏

在洞中熟睡。它们以青草、野菜为食。它们一般行动缓慢，但当遇上危险时，逃跑速度可以达40千米每小时，并维持达90秒。袋熊会保护以其巢穴为中心的疆界，对入侵者有攻击性。当受到攻击时，袋熊会发挥巨大的抵抗力。例如当它受到地底下的掠食者攻击时，它会破坏地底隧道，令掠食者窒息。不怎么长的尾巴，可以避免在逃入隧道时被掠食者攻击尾部。